中国人居印象 70 年

中国可持续发展研究会人居环境专业委员会　主编

中 国 城 市 出 版 社

图书在版编目（CIP）数据

中国人居印象 70 年 / 中国可持续发展研究会人居环境专业委员会主编 .
北京：中国城市出版社，2019.11
ISBN 978-7-5074-3225-1

Ⅰ. ① 中…　Ⅱ. ① 中…　Ⅲ. ① 居住环境-研究-中国　Ⅳ. ① X21

中国版本图书馆 CIP 数据核字（2019）第 234662 号

　　作为庆祝新中国成立 70 周年的献礼作品，中国可持续发展研究会人居环境专业委员
会和国家住宅与居住环境工程技术研究中心策划出版的《中国人居印象 70 年》通过记录
普通中国人的记忆展现了中国 70 年来人居环境的变迁。

责任编辑：宋　凯　毕凤鸣
责任校对：李欣慰

中国人居印象70年

中国可持续发展研究会人居环境专业委员会　主编

*

中国城市出版社出版、发行（北京海淀三里河路9号）
各地新华书店、建筑书店经销
北京建筑工业印刷厂制版
天津翔远印刷有限公司印刷

*

开本：787×960毫米　1/16　印张：14　字数：234千字
2019年11月第一版　2019年11月第一次印刷
定价：**56.00元**
ISBN 978-7-5074-3225-1
（904207）

策　　划：张晓彤

主　　编：中国可持续发展研究会人居环境专业委员会

执行主编：李　婕

采　　写：高秀秀　李　阳　卫泽华　段嫣然　王淑媛

我们的人居印象

不管怎么看，在我的晚年阶段，还能充分享受一下最新的住宅建筑成果，是我原来没有想到过的，我确实是充满了幸福感和获得感。

班 焯

男，30后，北京人，国家住宅与居住环境工程技术研究中心原顾问。

能活到100岁是我做梦也没想到的，能赶上新中国成立70年、改革开放40年，过上今天的幸福生活、享受改革开放的成果，是中国共产党带给我的福气。

毕秀菊

女，10后，陕西西安人，退休前从事街道居委会工作。

我出生在抗日战争胜利的年代，儿童时期、南北漂泊，感受到的原汁原味的中华住宅环境，重回北京，搭上了计划经济福利分房的末班车。

陈 琨

男，40后，福建福州人，中国可持续发展研究会原副秘书长。

二十世纪七八十年代，正是我国"文革"末期和改革开放初期，只有几岁的我经常在天津父母家与南京外婆家往来，使我可以在完全不同的居住环境中切换比较。

陈小坚

女，60 后，江苏南京人，从事建筑市场管理工作。

经历了从小山村到小县城到大都市的变迁，每一处栖息地对自己的价值观、人生观、世界观的形成都起到了决定性作用。

段德罡

男，70 后，云南腾冲人，景颇族，西安建筑科技大学教授。

在中国的 15 年里，我先后在两个城市、两所大学学习，做过四份工作，住过七个不同的房间或公寓。中国在不断发展，我个人也在不断成长。

Robert Earley

男，70 后，加拿大卡尔加里人，在华从事可持续交通咨询工作。

对于居住的经历，既有儿时在老城里穿街走巷的回忆，又有社会主义新居"工人新村"的灰空间实感，还目睹了 20 世纪 90 年代以来快速的城市现代化改造和扩张，以及房价的飙升。

傅舒兰

女，80 后，浙江杭州人，浙江大学副教授。

转眼间，到北京已近 10 年，无论我身在何处、都不会忘记这片黑土地，这儿是我的根与魂所系，是我魂牵梦萦的地方。

高　磊

女，80 后，吉林白城人，建筑杂志社《城乡建设》编辑部副主任。

我是一名普通的中学老师，出生在祖国西北的一座边陲小镇，那是古丝绸之路上的商贸重镇，素有"到了古城子，低头捡银子"的"金古城"美称。

黄亚琼

女，70 后，新疆奇台县人，乌鲁木齐市第四十八中学中学教师。

我是回族人，7 岁之前与爷爷奶奶一同生活在宁夏回族自治区吴忠市的一个小村庄里，我最初的生活记忆就是爷爷家的老房子，它坐落在村子最深处，由相对而立的两排土坯房构成。

金　曦

女，90 后，宁夏银川人，现任中国可持续发展研究会执行秘书。

我的家乡在广东省最南端的一个小镇，因为地处偏远，古代时一切信息都要缓慢地、徐徐地传递到当地，为当地人所闻知，故名"徐闻"。

李　龙

男，90 后，广东湛江人，清华大学在读博士生。

年少的日子历历在目，仿佛和亲戚家的孩子在炎热的夏天互相拨水玩耍还是发生在昨天一样。好像那个时候日子过得很慢，我们没有电视和手机用来消遣，玩闹的话语都记在心间。

李　岩

男，80 后，山东聊城人，现从事大数据方面工作。

什么是人居环境？住房环境只是一方面，周边的自然环境、人文环境和社会环境也是不可或缺的组成部分，它还是人们心理和生理的全方位的环境感受。

吕永龙

男，60 后，安徽六安人，中国科学院生态环境研究中心研究员、博士生导师，第三世界科学院院士、欧洲科学院外籍院士。

老城的活力再生是城市发展过程中必须要重视的环节，而新城的规划建设需要重点思考如何避免在未来出现目前老城的种种问题。

马辉民

男，70 后，湖北仙桃人，从事大学教育工作。

我在上海南市区（现黄浦区）的江边码头长大，那里紧挨着上海著名的历史旅游景点豫园和城隍庙，还能看见明清时代留下来的古城墙。

钱洁艳

女，80后，上海人，从事房地产公司设计管理工作。

因为父母工作的原因，直到上高中前，都住在校园里，一栋栋平房组成校园区。记得每年学校活动时，我们站在太阳普照下的教学用房的原生土地上齐声共唱红歌。

尚春静

女，70后，湖北人，海南大学教授。

我的家乡在云南省迪庆藏族自治州香格里拉市小中甸镇阿央谷村，那里有丰富的自然资源和淳朴的人民，是一个非常美丽、充满藏族风情的小村庄。

斯娜卓玛

女，70后，藏族，云南香格里拉人，从事农业科技工作。

从南到北，从农村到城市，我所感受到的居住环境变化是这些年中国经济快速发展的必然结果。人口迁徙意味着乡村的没落，但同时也让乡村回归更加原始的状态。

唐元登

男，90后，重庆人，北京交通大学在读本科生。

我的家乡在浙江省宁波市塘溪镇的童村，是著名科学家童第周的故乡，新中国成立以来从这个小村庄走出的教授级专家已多达70多位，是远近闻名的"教授村"。

童绍康

男，40后，浙江宁波人，曾任上周小学副校长，现任童村老协会会长。

我记得当时有资格带家属住在林场的都是干部家庭，普遍工人的家都在外地，平日里他们住在林场的单身宿舍，和我们的宿舍区隔河相望。

王晓军

男，60后，山西省绛县人，山西大学副教授。

一提起家乡，我的思绪就会回到盛行"鸡毛换糖"的那个美好童年时光。那时候尽管大家生活条件都不太好，但乡村的味道特别浓、氛围特别好，留给我的记忆也特别深刻。

王 勇

男，70后，浙江义乌人，宁波市住房和城乡建设局村镇建设处处长。

记忆中孩提时的低矮土木住房、学习时期的两层夯实瓦房、参加工作及结婚后的商品住房，半生居住环境的变化经历萦绕着我，让我这一生总是被牵绊着。

翁国安

男，70后，福建漳州人，漳州市漳浦县南浦乡干部。

回到个人的居住坐标点，辐射到"15分钟社区生活圈"，在家庭和个人迁徙中，或许能折射一部分近30年中国人居环境变化中的一些日常冷暖。

邢 星

女，80后，湖北武汉人，从事规划设计工作。

很多人单纯地把住所和家划上等号，我不是特别赞同。我围绕这个住处展开了不同阶段的人生，认识了形形色色的人，学习了五花八门的知识和道理。家这个纽带慢慢地串联起了你的人生。

杨 婷

女，80后，甘肃兰州人，高校讲师。

经常一觉醒来后，发现梦里的场景全是小时候六七岁的光景，那会儿我家还住在兰州上西园，这个地方现在已是兰州市区内难以改造的区域。

张 晶

女，80后，甘肃兰州人，浙江农林大学教师。

未来十年内，我们的社区有可能会旧改，我还有机会住到新房，不管怎么说生活是美好的，热爱生命，热爱家庭，热爱祖国，积极向上。

张　静

女，80后，山西忻州人，常住广东省深圳市，从事室内设计者装修工作。

新中国刚成立的时候，党的政策纪律是不能占用民房，于是队伍和家属把当地旧破庙宇稍加修整，加上门窗，就全住进去了。

张明旦

女，40后，山西神池人，常住四川省成都市，曾在三线工厂从事化学分析工作。

到1984年的时候同济大学分给我一套房子。房子在新客站附近，朝北，面积较小，只有二十几平米。不过条件在当时已经算是不错了，毕竟是成套的，有独立的厨房和卫生设备。

郑时龄

男，40后，四川成都人，现任同济大学教授，中国科学院院士。

在我家乡有一座规模宏大的古老宅院，村民们称它为"大道地"，在宁海方言中，就是大院子的意思。

周衍平

男，60后，浙江省宁海人，长期从事建筑行业影像资料拍摄工作。

我的父母都是当地粮站的职工，这个粮站大院构成了我最早的生活环境记忆。这里既是我父母的工作单位，也是我们一家人的住所，更是我童年的乐园。

朱　宁

男，80后，安徽灵璧人，现从事跨界声音工作。

编者的话

　　"邦畿千里，维民所止"。"住"，自古就是百姓最为迫切的生存需求和精神寄托之一，世世代代的人们都在为拥有一个良好的人居环境而不懈努力着。在飞速发展的现代社会，人居环境更是成为全球关注的焦点：联合国《2030年可持续发展议程》明确要求"建设包容、安全、有抵御灾害能力和可持续的城市和人类住区"，确保人人获得适当、安全和负担得起的住房和基本服务。

　　近70年来，尤其是1978年以来，中国人的居住水平已经有了显著的提升，城镇居民人均住房建筑面积从新中国成立初期的不到9平方米，发展到如今的39平方米。城市住宅试点小区、小康住宅试点工程、国家康居示范工程、住宅产业现代化推进、国家新型城镇化规划、美丽乡村建设、健康中国建设以及各类保障性住房和棚改安置住房的建设，都在不断推动着中国人居条件的持续改善，中国百姓对于住的需求已逐步从单纯对居住面积的向往转向对居住品质提升的要求。

　　作为中国可持续发展研究会人居环境专业委员会、国家住宅与居住环境工程技术研究中心的研究人员，我们长期从事住房和居住环境建设领域的研究、推广工作，这让我们有更多的机会去了解全国各地、各行各业的朋友们关于"住"的经历和感受。继《中国住房60年》之后，值此中华人民共和国成立70周年之际，我们再次编著此部《中国人居印象70年》，力图通过多样化的个体视角鲜活地展示中国人居环境变迁的一个个细节。

我们非常有幸地采访了 30 位来自不同地区、不同行业、不同年龄段的朋友，请他们分享各自不同人生阶段对于人居的印象。在采访过程中，老人们回忆起儿时的生活情景，露出天真的笑容；中年人们提起当初自己的拼搏，依然激情燃烧；年轻人们求学、求职的故事，呼应着新时代的快速发展。看他们的故事，听他们的讲述，就像陪他们一起渡过一场跨越时空的旅行，让我们生动地了解了我国不同时期人居环境相关的政治、经济和文化背景对每一个人的切身影响。

感谢百岁高龄的毕秀菊老人、感谢年仅 26 岁的唐元登同学，70 余年的年龄跨度让我们感慨岁月的传承；感谢来自哈尔滨的高磊博士，感谢来自海口的尚春静教授，4000 公里的空间距离让我们感叹祖国的辽阔；感谢中国科学院院士郑时龄教授、第三世界科学院院士吕永龙研究员，感谢宁海县岔路镇上周小学的童绍康老师、感谢迪庆藏族自治区的女企业家斯娜卓玛女士、感谢来自加拿大目前在华工作的 Robert Earley 先生，各异的生活背景，让我们更全面地了解多样化的中国人居。感谢全体作者和我们分享各自的人居印象，感谢同济大学周静敏教授、北京市住房和城乡建设委员会李斯文女士、西安交通大学孟祥兆副教授在组稿过程中给予的大力支持。

我们期望，本书不仅能让读者们品味书中每一位作者丰富的生活环境变迁经历和他们对人居环境的独到见解，也能够以这种独特的视角生动地总结新中国成立 70 年来人居环境建设领域的成就和教训，为未来人居环境可持续发展提供有价值的借鉴。

最后，要特别向本书作者之一，在成书过程中仙逝的国家住宅与居住环境工程技术研究中心原顾问、教授级高级城市规划师班焯先生致以最崇高的敬意。先生自 50 年代起，致力于人居环境改善的研究和规划实践，为中国的城乡建设事业奉献了毕生精力。即使在退休后，先生依然不遗余力地指点、教导着我们一代年轻人，继续为中国人居环境的改善发挥着余热。本书谨以先生的遗作"北京的家"作为开篇，以纪念这位我们尊敬的前辈。

编者：张晓彤、李婕、高秀秀、李阳

2019 年 10 月

目　　录

北京的家

受访者：班　焯

十岁以前童年　无瓦顶平房

我出生于新中国成立前15年，从那时到现在变化确实太大了。我是家里居住在北京的第11代，算是个老北京人了，但是我们家这么多代，一间自己的房子也没有，一直租房子住，所以直到我十岁以前，我们家住的房子都是平屋顶、抹青灰的那种比较简陋的房子，没有铺瓦。那时还有的一种房子叫棋盘芯儿——屋面四边铺瓦，中间抹青灰。这都是比较穷苦的居民常建的房子。

出生时住过的老房子（1998年摄）

1998年的一天，我和老伴到东城区办事，从米市大街走到禄米仓再到智化寺，一直就走到了我出生时的家——南水关，那是朝阳门南边与城墙平行的一条小胡同。嘿，没想到那所房子居然"健在"，还是当年那个抹青灰平屋顶的房子，小院里两间南房两间北房，中间一个小门楼的格局丝毫没变。那已经是我出生以后的第65年了，于是我拍了一张照片留念。过了没几年，朝阳门内改造那个片区，老房子全被拆了，我那个"家"变成了"银河SOHO"。

瓦房

我记得小时候搬过三次家，始终没离开朝内南小街一带。1948年终于搬到了南竹竿胡同（原名八大人胡同）一处青砖瓦房，算是个三合院吧。居住条件上了一步台阶，但是上厕所还是一件让人头疼的事儿。那时上厕所要到胡同里的旱厕。现在小院里有了个小厕所，是有马桶的水冲厕所，条件有所改善，但是因为没有跟市政的污水管接通，只接到街门外的渗水井，用的人多，满得很快，总要花钱叫掏粪的工人打开吸走。到新中国成立以后，这所房子被房管局接管了，马桶又被改造成蹲坑，如厕条件仍然没有得到很大的改善，跟现在没法比呀！

南竹竿胡同瓦房前和表姐家合影（1948年）　南竹竿胡同改建为竹竿小区，作为回迁房标准并不高

三家合住的楼房

1972年，我们一家四口搬进海淀区双榆树小泥湾的楼房。我那时候还在内蒙古没调回来，每年只能在探亲的12天假期回来享受一下住楼房的新鲜感。我们体会到住楼房是生活方式的飞跃。从平房搬到楼房最大的好处，就是刮风下雨下雪都不用怕了。下雨时，上厕所也不用打着伞跑着去了。住了楼房，厨房

厕所都在房屋里，这是告别了几百年来的古老生活模式，走进了现代化。

　　这栋楼房是 60 年代为苏联专家建的，专家没有来，成了职工宿舍。我家住的是一套三居室中大一点的主卧室，还有一个三平方米的小间，另外两间次卧室分给了其他两家。三居室里有一个极小的过厅，能放一个饭桌，不过三家人谁也不会在那吃饭，都在自己房间里吃。三家合用一个厕所，早晨和晚上都在家的时候会经常"撞车"。

　　小区位于北三环和海淀路的拐角处，只有四栋楼，一栋楼四个单元，为了街景需要，避免山墙直对干道，西边临街的两栋都有一个东西向的单元。不过当时还没有按照社区的概念去建设，只是先解决住的问题，也谈不上绿化环境、生活便利等，最基本的粮店、副食品店和小百货商场，都在三环路的南边，对于我来讲生活也还算方便。

　　现在再回去看我住过的小区，以前宽敞的院子增建了新楼，周围建起了很多大超市，配套已经相当完善了。

双榆树小泥湾（现名中关村大街 46 号院）

在外地工作时的"宿舍"

　　说到了在外地 18 年的工作经历，又使我回忆起那时的居住条件。

1961 ～ 1974 年内蒙古

　　1961 年，我从原建筑工程部城市设计院下放到内蒙古，那时候内蒙古的居住条件和生活环境比北京要差很多。

当时的建设标准很低。市一级单位的宿舍全是一层平房，我叫它"门窗炕"——3.3米的开间里，一个门一个窗户，半间房都是炕。用不着建筑师去设计。那边冬季寒冷，所以大家都得睡热炕，做饭烧火时，炕也就热了。可是刚去时，我们住单身宿舍，就不知道炕的作用和重要性，觉得几个小伙子要挤在一个炕上，很别扭，所以把炕都拆了，结果住木床很冷，自己必须得生火，不然晚上根本没法睡。当时的屋子很简陋，24墙，一个木板门，单玻璃的木窗，导致早晨起来时我床边的墙上结了一层冰，门板上也是冰霜。我从北京去只带一个棉褥子和一个棉被，根本抵御不了严寒，晚上到后半夜想翻身的时候，腰冻僵了，两条腿都翻不过来。后来我们有了烤火费，我买了个羊皮褥子垫在底下，暖和多了。

相比之下，当地农民的土坯房就非常适应冬季的严寒。后墙有50～60厘米厚，屋顶是向阳的一面坡，都不会结冰，加上热炕，暖和极了。

那时候内蒙古的冬天，呼和浩特要到零下14、15度的样子，最冷到零下17度。厕所都在室外，冬天全都冻起来了，也不可能去淘粪，于是越积越高，经常要在冰上上厕所，很容易滑倒。

1974～1979年廊坊

1974年我调到了现在的廊坊，当时廊坊是镇，是河北省安次县廊坊镇。我在城镇建设管理局，简称城建局，实际并不是城市建设局。

在廊坊住的条件又不一样了，连单身宿舍也没有了，办公室里放一张床，我就住在办公室里，坐起来就是上班，躺下就是下班，这一住又是好几年。我把一个月的四天假期攒在一起，每月回来一次，待两天就赶回去了。其实那时廊坊镇仍是农村建制，干部根本没有周日假期，天天上班，我每月回一次家已经是"特殊化"了，这是我后来才明白的。

1979年我调回了北京，才算有了一个安定的家。

双榆树 第二个房子 独门独户

我在双榆树片区又搬过一次家，换到了一个东西向的两居室单元。我家是一栋一梯三户里对着楼梯间的那个中间户。虽然居室朝东不令人满意，夏天东晒，冬天又缺少日照，但我们终于住上了独门独户的一套房。住在这里我体会到了一梯三户的房子中间户通风效果确实很差，我挂过一个帘子，也安过纱门，到了夏天对着楼梯通风，而左右两边的户型，把窗户打开就可以通风了。

居住条件越来越好，家庭设备也是一级一级往上跳。先有电视，后来又买了进口冰箱，再后来因为东西朝向实在是热，就又买了一个北京古桥牌窗式空调。不过当时用电负荷标准是很低的，铝线最多能承受冰箱的使用，大家如果都开空调的话，高峰时间就要跳闸断电，甚至包保险丝的盒都能烧化。所以，虽然后来大家逐渐安装了空调，但是无法尽情享用。我搬走之后听说改造了电路，一户开两个空调也可以了。

1998 年 北洼路 单位分房

直到退休，我总算赶上了全国分房的末班车。1998 年，单位分给我一套位于北洼路的房子。根据政策，按我和老伴的工龄折算下来，我们总共花了 6 万块钱，买下了这套大约 99 平方米的房子。北洼路的房子是塔楼，塔楼一般前面朝南的两套户型最好，是三居室，能对角通风。朝北、朝东西向八个套型都是两居室，所以当时买朝北两居室户型的，陆陆续续都搬走了，我们住朝南这两套户型的人倒是比较稳定。住北洼路的房子最主要的两点改善，一个是面积大了很多，宽敞了舒适了，住得下了；另一个是真正开始有了起居厅，原来老楼房的格局是没有起居厅的。

北洼路的位置比较好，刚搬去的时候，周边的配套设施已经比较完善了。走一百多米就有两个超市，沿街是各种小商店，还有 466 医院。

房子好、位置好，只是小区环境不好。因为建设地段真是太狭窄了，前面临街，后面是高压线，只能盖三栋塔楼。小区院子里没有空间绿化，停车也只能停在马路上，而且物业管理也很差。不过总的来说，赶上福利分房的末班车，我已经很满意了。

2016 年 天通中苑 买二手房再进一级

2016 年我和老伴都想找个管理规范，绿化好，环境又好的小区居住。当时来到天通中苑，看到离小区很近就有三甲医院叫清华长庚医院，我就决定在这儿买房了。天通中苑在整个天通苑最中心的部位，从立水桥地铁站坐公交车四五站就到了。买东西坐两站车可以到物美，小区外面还有个农贸大菜市场，这是我最常去的两个地方。目前，北京在推动回龙观天通苑的"回天计划"，还要增加便民服务设施的密度，我相信将来会更方便更好。我特别希望社区能办一个小食堂，中午晚上不愿意做饭，就能去食堂买一点回来。这大概是符合众多老人的愿望的。

我购买的是一层的一套三居室住房,另外还有地下室,空间是足够宽敞了。而且通过装修,使设施水平提升了一大步。厨房、卫生间的设施完善了,窗户使用了双玻断桥铝窗,大大提高了隔音、隔热的效果。

天通苑应当算是很多小区组成的一个大居住区了,分期分批建造也有20年了,形成现在的规模。东苑是1998年建成的,比较成熟热闹。中苑是2008年建成的,比较安静,而且房子在设计上比东苑改进很多,地下室地面提高了,成了半地下室,我家的地下室的采光就大大改善了;设备设施上也更齐全了,比如院子里都预埋了自来水管用于绿化,地下车库出入口更加合理。这个建设项目属于经济适用房,所以物业费比城里低,但物业管理非常正规,有专门的绿化队。庭院绿化做得好,北洼路那三个塔楼无法和它相比。早晨年轻人去城里上班,到晚上小区才热闹一些,所以老年人住这边很清静,我也很喜欢我的新家。

也许我搞了一辈子规划和建设,总是关心小区的布局。我住的天通中苑一栋楼一般四、五个单元,总感觉在总体布局上对日照变化研究的还不到位。单看一个单元平面都没有问题,但板式楼和塔楼实际布局成组团后,楼与楼之间采光方面的相互遮挡往往很严重。我家在一层,本来日照时间也可以很长,可是下午两点钟旁边的塔楼就把日照都挡上了,到十一月初时一个小时太阳都晒不到。希望年轻人在进行居住区规划设计的时候,要多考虑和分析整体布局问题。

早晨8点的地下室光线
十分明亮

下午四时有无塔楼遮挡对比

不管怎么看,在我的晚年阶段,还能充分享受一下最新的住宅建筑成果,是我原来没有想到过的。我确实是充满了幸福感和获得感,这是心里话,绝没有忽悠人。

一百年沧桑见证人居环境变化

受访者：毕秀菊

　　到 2019 年 9 月，我就 100 岁了。我 17 岁来到西安，就一直生活在这里。从新中国成立前一直到现在，经历了不同的历史时期，眼看着这个城市的变化，也感受着我家生活环境的变化。

　　1937 年我来到西安，刚来时住在生产路，三间厦房一住就是四十多年。陕西八大怪之一的"房子半边盖"，就是指的是这种土坯墙、小青瓦的民宅，这在当时就算居住条件比较好的了。家里七口人，我们夫妻俩和他们兄弟姐妹分别住在两边的房间，中间是堂屋。房子外边是我们用牛毛毡搭的厨房，用来烧火做饭，大小便去的是院子里的旱厕。

厦房前合影

住在生产路感觉不是很拥挤，但吃水是最大的问题，我们家的用水方式经历了三次变化。刚住到这块儿的时候，院子后边有一口苦水井，只能洗洗涮涮，不能用来做饭。稍远的地方有一口"洋井"（甜水井），大家到那去用辘轳绞水挑回来做饭，吃的人多了甜水就供不上了，时间一长井也干了。没办法大家只得到火车站，去接火车头从灞桥拉来的甜水，这些水很金贵只舍得做饭用。等到新中国成立以后，用水有很大的改善，街道装上了自来水管，几百户人家都拿着水牌到这里排队担水，回去倒在自家的水缸里备用。

住在生产路的另外一个头疼事儿是害怕下大雨。院子里的"渗井"是用来渗雨水的，平时洗洗涮涮的脏水都要用脏水桶抬到街道倒入下水道中。我家住的屋子比院子地面低，院子又比街道路基低，形成了三个台阶，下小雨问题还不大，一遇到大雨院子里的"渗井"很快就渗满了，街道的雨水开始往院子里流，院子里的雨水又会倒灌到屋子里，院子里的老老少少都得拿上盆盆罐罐把屋子里的雨水往外舀，再站成一排把院子里的水传递到街上倒到下水道里。到了雨季的时候屋子上面漏雨，下面渗水，屋里非常潮湿，我的腿就是那时候患上了严重的类风湿。土坯房禁不住雨水反复的浸泡，日久天长房子的地基就有了问题，有倒塌的危险，我们不得不想办法搬出去。

夏天潮湿，冬天寒冷，生产路的这四十年就是这样慢慢熬过来的。那时候做饭可不像现在这么简单，先是拉风箱烧地火、后来又盘炉子烧煤饼、再往后烧煤球和蜂窝煤，感觉省事多了。但这只是说的做饭，在生产路住了那么多年，冬天再冷也没有办法取暖，只能在被窝里放个暖脚壶驱驱寒。

到了1980年，生产路的房子实在不能住了，我小儿子单位的领导借给了我们一套小房子，地点在纸房村振兴路。那时我老伴已经去世了，我跟着小儿子生活。那套房子总共也就是20多平方米，两间房子中间还隔着一条走廊。我住的那小房子只能放下一张床和一个半截柜，儿子一家三口住的那间要大一点，厨房小的两个人都错不开身，两家共用一个厕所。那栋楼是预制板拼装的，叫什么"大板楼"，墙很薄，夏天热冬天冷，孙女冻得受不了，只能在大点的房间里生个蜂窝煤炉子取暖。小房子放不下炉子，冷得像个冰窟窿，我的类风湿越来越严重。家属楼周围又脏又乱，隔着一道墙就是屠宰场，夏天苍蝇蚊子满天飞。在这样的环境里待了十年，1991年我们搬到了小儿子新单位的下马陵机关家属院。

振兴路大板楼现状

被高楼包围的大板楼

大板楼中我的小房间（走廊右边仅有 7 平方米）

　　下马陵家属院紧邻南城墙，设计的时候要求风格和城墙匹配，这在当时是比较超前的理念。那个时候这一块还比较偏僻比较混乱，小偷大白天就敢进屋偷盗。有一天早晨大人都没在家，我的小孙女独自在家睡觉，小偷进屋翻腾的乱七八糟。把菜刀放在窗台上走了，好在没有伤到孩子，想起来真是让人后怕。由于偷盗现象非常严重，院子里家家户户都装了防盗网。

　　几年以后我们调整到了同一个家属院三室两厅的这套房子，宽敞的客厅和饭厅，带座便的厕所，做饭先是用的煤气罐，后来又改成了液化气。取暖开始是单位自己烧锅炉，后来成了市政集中供暖。夏天有空调，冬天有暖气，我觉得和以前比真是从地下到了天上。

　　安全是大家最关心的事，现在街道和院子里都装上了监控设施，再没有听说谁家的东西被偷走了，白天安心晚上睡得踏实。除了住房条件的改善，周围的各类基础设施和公共服务设施也都建立起来，而且越来越完善。家属院周围有菜市场，我身体好的时候，每天早晨到环城公园锻炼完再买些菜，感觉很方便。交通便利，公共汽车可以通到四面八方。我们住的这个地方是有故事的，董仲舒的墓就在不远的地方，听说古时候到这儿"文官下轿，武官下马"，所以才有了"下马陵"这个街名。现在这里已经成了旅游街区，城墙外边的环城公园越修越漂亮，城墙里面的顺城巷吃的喝的唱的一家挨着一家。我们的院子虽然旧了点，但位置好，闹中有静，不管到哪去都很方便。

宽敞的客厅　　　　　　　　　　　　老人的房间洒满阳光

新中国成立以后西安才开始搞城市建设。以前家家户户点的都是煤油灯，点灯用的是"洋火"，点的蜡叫"洋蜡"。街上跑的是人拉的"洋车"，后来才慢慢有了上面扎着两条大辫子的电车。我记得当时城里只有个阿房宫电影院，解放路有个珍珠泉澡堂，但是只有男澡堂。从前城墙上有很多大大小小的窑洞，里头住的都是贫困户。"文革"以前城墙里里外外破破烂烂，杂草丛生，城河里流的是的污水，气味儿熏得人不敢靠近。80年代以后，政府对环城公园进行了好几次整修，城河水变清了，河里鱼、鹅、鸭子游来游去。环城林带干干净净、种满花草，成了人们锻炼身体、唱唱跳跳的好地方。古老的城墙已经成了一道风景线，环城公园就像是西安市的一条珍珠项链。我们居住的下马陵片区通过治理和改造，成了文化旅游街区，不但白天人来人往，晚上这里的小吃和茶馆、咖啡馆也挤满了本地人和外地游客。

以前住过的生产路十多年前拆迁以后，原来的几万户居民都搬到了新建的居民小区，住进了楼房。过去连出租车司机都害怕去的地方成了国家大明宫遗址公园。我家的院子就在丹凤门西边不远的地方，儿子几次陪我到这里游玩，我都想再找找住过的痕迹，可是已经变得连个影子都找不到了。儿子还陪我去看过振兴路以前住过的大板楼，现在三栋老楼还没有拆，都被高楼大厦包严了。

社区的健身场所

大明宫遗址公园

下马陵文化街区

居住条件和生活环境越来越舒适了，不过感觉20世纪90年代初建设的小区确实已经落后了。比如过去家里有个飞鸽、凤凰牌的自行车就很不错了，现在几乎家家都有小汽车，停车成了大问题。医院越来越多，越来越大，但像我这样年岁的老人，一旦有了疾病社区医院说他看不了，三甲医院也不愿看不敢收。老年人最怕的最难防的是骨折，我骨折了几次，送到医院都是推来推去，最后只能回到家由我的小儿子帮我换药、翻身、照料，好在我还能慢慢恢复过来。我特别希望政府实行家庭医生管理制度，让失能和高龄的老人得病时能有人管，能享受到公共医疗资源。

还有一点我体会也很深，就是邻里关系。在生产路的居住环境是最差的，但总是让我回忆起春天槐花成熟时，各家各户蒸槐花麦饭，你给我端一点，我给你送一点；让我回忆起夏天时大家在树荫下聊天、抬杠、讲故事、说笑话的情景，那时候就感觉大杂院就像一家人。搬到纸房村振兴路的工厂家属院，虽然不像在生产路大杂院那样亲密，但邻居们也互相串门、聊天、品尝各家美食，很热闹也很舒心。再后来搬到下马陵这处机关家属院以后，明显感觉人际关系远了。前几年我的小儿子又买了北郊的房子，那是个新小区，房子宽敞、设施齐全，从环境绿化到物业管理都非常好，可是我却不愿意去住，像我的儿媳妇说的毕竟在这边住了三十年了，啥都习惯了，周围都是老邻居、老朋友，一下楼总能遇到熟人，感觉很亲近很和谐。住到新小区虽然条件好，但邻居互不来往，连对门住的是谁都不知道，怪没有意思的。

生活环境越来越好了，人际关系越来越淡了。老人们都喜欢"恋旧"，最怕孤独寂寞，总希望有家人陪伴，有熟人说话，这是许多老年人不愿到养老院去的一个原因。我儿子给我说现在政府提倡社区养老、居家养老。住在自己的熟悉的老房子里，在熟悉的环境和邻居当中，由社区给大家提供养老服务，比如一日三餐、日间照料、家政服务、家庭医疗服务，经常组织一些集体活动等，这样按老习惯生活还能得到养老照顾，不会感觉寂寞，还会有一个好的心情，这是我最盼望的。

能活到100岁是我做梦也没有想到的，能赶上新中国成立70年、改革开放40年、过上今天的幸福生活、享受到改革开放的成果，是共产党带给我的福气。我打心底里感谢共产党，我希望我们的国家越来越强大，相信老百姓的生活会越来越幸福。

我的居住经历
——从传统到现代

受访者：陈　琨

　　我出生在抗日战争胜利的年代，现已越过古稀之年。我的人生及居住环境的经历可谓丰富多彩，尤为难忘的是儿童时期，南北漂泊，感受到的原汁原味的中华住宅环境；还有重回北京，搭上了计划经济福利分房的末班车。

儿童时期，南北漂泊，原汁原味的中华住宅环境。

　　福州三坊七巷中的深宅大院。 在我三四岁，刚记事的时候，父亲进军大西北，把我孤身送到福州老家的祖母的身边，跟随我的祖母，住在福州三坊七巷中的塔巷 53 号。这个宅院曾经是清代浙江巡抚王有龄的私宅，庭院深深，一直贯通到南面黄巷的 16 号和 18 号。记得院子里有花园、假山、池塘……这个深宅大院是我记忆中最早住过的地方，时间虽短，但印象很深。

　　等我再次看到塔巷，已经是 20 世纪 90 年代，走到塔巷，只见饱经风霜的石板路，还算完整。40 多年后重返故居，也只能作为过客，在 53 号的门口张望一下。时过境迁，丝毫没有幼时记忆中的痕迹，院落凌乱不堪，旧有建筑不见踪影，迎面居然出现一座三层的小楼……人家也不让我进去细看。

　　听王家的后人介绍，当年院落有后花园，假山、雪洞、鱼池。花厅四面，墙头、牌堵的彩绘都十分精美，隔扇、门扇、窗槛全部用楠木加工而成，屋架、椽、桁雕刻特别考究。1952 年，宅院里的人全部被搬迁，院落被充公。几十年来，不知道谁在管理，更不知道住在里面的都是谁。院内的居住杂乱不堪，搭盖严

2010 年塔巷

2010 年塔巷 53 号拆除中的建筑

玄学文化馆

重，原结构已面目全非。现仅二进与三进的部分构筑尚可见清初风格，穿斗式木构架厅堂，青石铺地天井。"窄窄的天空下，露出一段苍老的马鞍墙，沉默着，一任蓬草猎猎迎风。"

2010 年到福州，夜访三坊七巷，欣喜五年前看到过的恢复三坊七巷的宏伟的工地蓝图，正在逐步实现。三坊七巷的建筑重建在有条不紊地进行。看到幼年时期住过的塔巷 53 号中的楼房也在拆除中，整个院落准备重建。

21 世纪的塔巷 53 号，如今挂着"玄学文化馆"。但是除了 53 号的门牌仍在，代表着过去，清代院落旧有的格局、景观均不复存在，不过是一座戴上了清代建筑的帽子，重新设计的新建筑。

从我曾经居住过的宅院的变化，可以看出以前在对古代街巷、古建筑等历史文化遗迹的保护是欠缺的，等到破坏以后，才意识到它的珍贵和存在的意义，因此重新修建。但是重建之后的新建建筑不过是放大的建筑模型而已，或者说是"假的"，弥漫着浓浓的商业气息。尤其是原住民早已不在，失去了传统的生活和文化，再也找不到以前那种庭院深深的感觉了。

如同塔巷内有座 1934 年开立的"永和鱼丸店"，据说是福州最好吃的鱼丸店。鱼丸是福州最有代表性的小吃，用鱼肉混合番薯粉，内包猪肉馅，皮洁白有弹性，馅香嫩多汁，有鱼香而无鱼腥味。专门去小店吃了一次，但丝毫也没有小时候感觉的味道了。

上海的村景楼侨宅。新中国成立后，我随同祖母离开福州到了上海，住在上海的大姑姑家。大姑父是广东南海的华侨，其家族在愚园路的西渚安浜有栋4层的英式楼房，楼名为村景楼。即便是西式洋楼，但依然体现了中华民族四世同堂的格局，兄弟多人都住同一个楼内。村景楼每一层两户，大姑姑家住在三层。第四层有保姆的房间，村景楼各家雇用的保姆都有一间保姆房。记得一个下雪天跑到楼顶，看周围都是小平房，白皑皑的一片，只有这栋楼突出，也许这就是叫村景楼的原因吧。

当时的这栋楼的建筑施工标准相对较严格，采用的是英国的标准。院子里有花园，有养鱼池，房屋用的是钢窗，打蜡的地板，还安装有暖气。

如今那栋楼依然完好，姑姑的子女依然住在里面，各占一户。不过随着城市的发展，四层楼和周边的高楼比起来就是个小矮子了。但是虽历经近百年，村景楼的风骨犹存，建筑的质量看起来依然是杠杠的。照片上看这从未修缮过的楼梯，仅仅是铁件露有锈蚀。

村景楼花园大门　　　村景楼雪景　　　村景楼现外观　　　村景楼现楼梯

天津哈密道的机关办公大楼。20世纪50年代中期，我跟随二姑姑到了天津，住在二姑父的工作单位，建工部天津材料供应站的楼上。这是一座西洋建筑——天津哈密道109号。当时供应站的一层二层三层是办公室，最顶层住着姑姑家和供应站的书记家。当时的生活环境谈不上舒适，但很方便，特别是有食堂，早上起来食堂给一个馒头加个咸鸭蛋，现在想起来还觉得挺香的。如今住宅与办公楼同在一栋楼房的状况基本绝迹。

北京胡同的四合院。新中国成立后，父母进北京，被安排住在大佛寺小取灯胡同 6 号的四合院。我在天津读书的时候，寒暑假也回家住。这个四合院是清朝谁的宅邸搞不清了。朱漆大门，门口还有 2 个石狮子，一进门是个小院，再进去的大院里有正房，东西厢房以及南房。房屋高大，大玻璃的窗户，但周边的木窗框空隙是纸糊的。

我们家住的是东厢房，总共三间。北屋一间我爸我妈住，南屋一间我们四个孩子，睡双人上下铺，中间是客厅。冬天冷了生个炉子，夏天热了就靠门口睡。整个院子只有一个水龙头，在院子中间，到了冬天大家都很爱护怕冻了。厕所在后院，公共厕所，像这种大院在当时已经算基础很好的了。

如今四合院被拆除，盖上了楼房，成了军产。

北京车公庄建工部竹筋骨水泥宿舍楼。后来父亲由于工作需要，全家去沈阳生活了一年，但是回来后，我们之前的四合院没地方住了，全家被安排到建工部在车公庄刚完工的一片宿舍楼，就是现在五栋大楼的位置。当时"大跃进"盖的房子都没有钢筋，是竹筋浇混凝土。唐山大地震后，重新用钢筋混凝土进行了加固。我们住的楼房紧靠着铁路，北京到乌兰巴托的国际列车就从楼下经过，趴在家里的窗户看国际列车上的国徽是当时的一大乐趣。

竹筋浇混凝土宿舍

搭上计划经济福利分房的末班车。1964 年我离开了北京，等到"文化大革命"结束时，我们全家已经没有一个人还住在北京。直到 20 世纪 80 年代末，我回到北京，一家三口重新在北京安家。住房的问题成了首先必须解决的问题。

找工作单位的最优先项，要看单位有没有可能分房。

筒子楼单间房。西单横二条的中组部的筒子楼是我在北京借住的第一个居所。在筒子楼过日子，又是一种不同的生活体验。单间住房只能住，公共厨房，公共厕所。公共厨房是个大房间，每家占一块地，安放自己的炉灶或煤气灶。公共厕所，各家轮流打扫。有块"打扫牌"，挂在谁家就该谁去打扫了。住在里面的人，自发地形成了一种相互帮助又相互约束的关系。但就居住的外部环境来说，可谓上佳。购物方便，天安门广场也成了夏季纳凉的好地方。

大院两间平房。在现在的五棵松附近的单位大院里面，我内人所在单位给分了 2 间平房，有个小院，但没有卫生间。住在大院几排房子里的人，上厕所都要到公共卫生间。

一室一厅单元房。在铁家坟分到了一套一室一厅的新盖起来的单元楼房，我家住 3 层。这个房子像个火车车厢，进门的中间是客厅，而后两边分开。一边是一间朝阳的住房，另一边是厕所和厨房，算是比较完整了。

两室一厅单元房。再后来，又搬到紧靠永定路口的单位家属院里，在一栋 4 层的宿舍楼分到一套完整的两室一厅的单元房，独立的厨房和厕所。由于在一层，将阳台还扩展出了一间房当仓库。居住环境可以说有了很大的改善。但是那时候，经常看着周围新

现在的住房

建的高层住宅楼，幻想着是不是有一天我也能住进新式的高层建筑。

三室一厅的单元房，安度晚年的居所。幸运的是，赶上了 1998 年单位分房的末班车，我所在的单位给分了现在住的这套房子。位于北太平庄新小区，17 层的三室一厅住宅。房间全部朝阳，阳光灿烂，尤其在北方漫长的冬季，很是惬意。但紧邻三环，噪声污染严重，经过重新隔音装修，安装了三层玻璃的窗户，增强了密闭性，听不到噪声，隔绝性能也很好，冬暖夏凉。住宅小区周边环境也很让人满意，院里像花园一样。距离大约 300 米就是社区医院，周边有三四个超市，日常生活十分方便，就此安度晚年。

在北京的短短的十多年时间里，在计划经济福利分房的条件下，我的住房条件能够不断地得到改善，应该是幸运的。尽管住房条件依然时常感觉不尽人意，但不用自己过多操心，只要安心努力工作，房子的困难早晚都会解决。

必须说明的是，虽然在北京先后搬迁了5套住房，平均2～3年搬家一次。但每次都是分新房，交旧房。自始至终也只有一套的住房，充分体现了居者有其屋，房子是用来住的这句话。

生活环境变化引发的思考

什么是最适合的人居环境？ 在我看来不同时代有不同的标准，是在不断变化的，要根据实际需求，最适合的才是最好的。

我们那代人都向往共产主义，期待楼上楼下电灯电话，但随着科技发展，社会日新月异的进步，人们对生活的需求也越来越高。比如过去只要求有地方住就可以了，现在我们对居住房屋的功能性和舒适度、自然环境的生态型和宜居性，还有基础设施和公共服务设施的便利性等都提出了更高的要求。

满足自己的实际需求是很重要的，比如房子是不是一定要大呢？我刚回北京时，有房子住就是第一位的，那时候自然觉得筒子楼不错；后来我又开始幻想有自己的单元楼，住上一室一厅楼房，又会想两室一厅、三室一厅，想这房子越大越好。可是现在如果真住个大房子，对我来说已经是负担了，年龄的关系我没有精力打扫了，反而觉得房子小巧玲珑刚刚好。

对人际关系、文化环境与人居环境的思考。 在四合院时，虽然条件比较艰苦，但邻里关系都非常融洽和紧密，谁家来客人大家都热闹，有什么事儿全都帮忙，谁家做什么好吃的，大家都跟着一起尝，院子里的孩子也很团结，一个受欺负了，全院孩子一致对外，幸福感很强。搬到了车公庄的筒子楼时，里面住的是从胡同大杂院搬迁过来的人，同时也带来了胡同文化，所以虽然住在楼里，但是互相之间来往密切，一直到现在我们都还有"车公庄发小"的群，有时候还聚会。而住到机关楼房里，就只认识左右邻居了，见面打个招呼而已了。经历过这些，我有时候在想，不能简单地说生活环境决定了人际关系，与生俱来的文化传承才是根本，即使住在楼里，也会相互关心关爱，谁家有事都愿意伸手帮忙。所以我觉得文化环境对于人居环境来说是很重要的，若是没有好的文化环境，没有好的社会风气，就没有好的人居环境。

目前在人居环境营造过程中使用的措施和手段，"度"的把握很重要。近几年，北京正在疏解外来人口，原来我家周围有农贸市场，一个铺子接一个摊子，管理不善，卫生情况也参差不齐，但是买菜、弹棉花、修鞋等一应俱全。农贸市场被拆除后，开了几个政府指定的菜市场，门面装修很漂亮，但是菜变贵了、修鞋变贵了、弹棉花的找不到了，很多生活必需品的流通渠道没有了，生活极大不便。这一系列措施是有利有弊的，关键是一个"度"的问题，也有人们接受水平的问题。民怨四起时就要改变，而改变需要时间，需要不断地调整。

对古建筑维护的思考。人类的建筑和居住环境都是随着生活需求不断改善、不断更新的。例如三坊七巷这种深宅大院经历的变化，也反映出人们对古建筑、对文化的认知过程，而这个过程也许是全社会随着经济和社会的发展而必经的一个认识过程。当人们重新开始认识到这些的重要性，一切都还不晚。

关于古建筑的修旧如旧，没必要过分地强调修旧，一定或必须恢复旧有的原封不动的面貌，随着建筑材料的革新，人们认识的进步，建筑的风貌和形态发生变化是必然的。从某种程度上，我也不同意所谓"拆了真的，修了假的"说法。现存的古建筑，无一不是经过了历朝历代的多次的大修、整修，才得以保存至今。每次的修缮，对原有的建筑都会有一定的改动。没有一座保留至今的古建筑，依然是最初建造的样子。那么为何要苛求我们现在的修旧就一定必须和原来的一模一样呢。

不久前，巴黎圣母院着火，烧毁了屋顶，新的巴黎圣母院修复方案就决定不再按照原样恢复，而是新貌新颜。巴黎圣母院可以这样做，我们的古建筑为何就不能变化呢。只有创新，建筑才有进步。

如今新建的三坊七巷，就单体的建筑元素来说，可以说没有一个是和原来的一模一样，这也应该看作是社会历史发展的必然。如今的三坊七巷保留下的是个历史的街区，承载着的是建筑的历史沉淀，建筑的文化。建筑的用途也不是一成不变的，会随着建筑社会功能的需要而变化，不变是相对的，变是绝对的。我们看到今天的三坊七巷是从古老民居向文化商业街区的转换，但或许在若干年之后，也有可能实现再次的转换，回归居民住宅区。

大杂院到单元房的生活变迁

——陈小坚的居住亲历

陈小坚

二十世纪七八十年代,正是我国"文革"末期和改革开放初期,百废待兴之时。那时只有几岁的我经常在天津父母家与南京外婆家往来,使我可以在两种完全不同的居住环境中切换比较。

一、南京老城南传统居住院落

外婆家位于南京长乐路 67 号,紧邻繁华的夫子庙,是最具南京烟火气的老城南地带。外婆家的房子应该是清朝建的多进院落式砖木结构房屋。外婆一家新中国成立前就在南京城南居住生活,日本人入侵南京和解放战争时期,外公外婆一家被迫到湖南和江西腹地躲避,战争结束再回南京时,以前的家早已被夷为平地,只好借住亲戚家。新中国成立后城里很多房子被收为公房,然后再重新分配给无房人家租住。长乐路 67 号是一个两进院落,每一进都有堂屋和正房厢房,被分配给十户人家合住,成了大杂院。外公一家八口分得了后一进里的三间正房。堂屋是开敞的室内公共空间,是邻居们做饭吃饭、聊天交往和通道的地方。外婆家就住在后一进的二层楼上的左侧正房里,与另一户人家共用二楼的堂屋用于做饭吃饭。老房子都没有卫生间,用木制马桶或到外面的公共厕所解决排便问题。院落又旁接着一人宽的小巷和几家零散房屋,还有后门通向比邻同样是大杂院的院落和外面的乌衣巷。因此这 67 号院就形成了室内与室外、楼上与楼下、小巷子与宽院子,以及与周围院落串联交错的丰富空间。我们小孩子最喜欢这样的空间，经常在里面玩躲猫猫。也会窜到隔壁院落里玩儿（20年后才知道我们经常玩的隔壁院落是秦状元故居，现在被保护修复了前面两进，后面一进和私家花园被拆除另做他用）。外婆家院子里有口井，是这院内所有人家吃饭用水的来源。南京人有早起买菜干活的习惯，所以每天上午井台边是最繁忙的，各家都将买回的新鲜菜拿到井台边，边洗菜边聊天。1977年前后市政自来水管网通到院里，井便逐渐废弃了，但夏天邻居们依然把西瓜放铁桶里，再把桶吊到井水里给西瓜冰镇降温，半小时后再拿出的西瓜格外冰爽解暑。

长乐路67号平面
（凭记忆绘制）

南京老城南民居院

多进穿堂

堂屋门扇

堂屋内景

二楼栏杆

院门

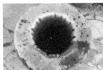

生活用井

老城南巷子

井内冰镇西瓜　　　　木楼梯　　　　　　　一人巷　　　　　记忆中的乌衣巷

图片来源：微信公众号"最忆是金陵"

邻居们都在一起居住20多年了，虽然因为居住空间有限，邻里间时而会为堂屋公共空间的使用闹不愉快，但总体的睦邻关系还算和睦。遇到下雨，总会有人把不在家的邻居晾在院子里的衣服代收下来。尤其是各家都有几个孩子，大人们忙于上班挣钱，无人看管的孩子们就经常在一起串门玩耍，成为院里热闹的主角。

外婆家地处南京最热闹繁华的夫子庙边，从后门出去就是乌衣巷，顺着乌衣巷几分钟便走到夫子庙秦淮河边的文德桥了。传说在中秋那天月亮升高时，站在文德桥上，从桥两边能同时看到月亮的倒影，我小时候有没有在中秋夜晚试看过已经记不得了。乌衣巷单从外表看是再普通不过的一条巷子，长有一百米左右，宽有三四米，地面是坛石铺的路，巷两边开口入户的门不多，多是一人多高有斑驳印迹的白墙。因唐代刘禹锡一首同名诗而闻名天下，"朱雀桥边野草花，乌衣巷口夕阳斜。旧时王谢堂前燕，飞入寻常百姓家。"因这光环，小时的我每每走过也总想找点诗人笔下的蛛丝马迹。20世纪90年代夫子庙改造拆掉了乌衣巷，而将另一个新建的巷子命名为乌衣巷，名是保留下来了，但格局和意境已完全不同。由此，后来我一直在想，刘禹锡笔下的乌衣巷估计也不是我小时候天天走的乌衣巷呢？

那时的夫子庙是南京人真正的商业中心（不像现在已经变为外地游客的旅游地了），那里有众多老字号餐馆小吃，奇芳阁的牛肉锅贴和素菜包、永和园的小笼包和小煮面、蒋有记的葱油饼、糕团店的赤豆元宵，还有马头牌冰砖、随处都是的小馄饨等，不断把我的馋虫勾起。经常放学回家，外公就说：走，跟我到夫子庙去！我就知道又有好吃的了，于是屁颠屁颠地跟着威严的外公去了。

儿时孩子们在左邻右里的熏陶下，嘴里也经常念念有词地说着一些上辈传下来的童谣。南京地处南北交界地，是典型的冬冷夏热气候。冬季没有采暖，又经常是阴雨天，那种阴冷是冷到骨头里的。所以每每遇到此时，人们常常会喃喃着"下雨喽，下雪喽，冻死老鳖喽"来自我解嘲。太阳出来时我们小娃们一边晒着太阳，一边相互挤撞嬉笑着念念有词："挤油挤油渣渣，挤出油来烫巴巴……"如此来驱走寒冷。南京的夏天号称中国四大火炉之一，闷热而没有一丝风，加上老木头房子隔热差，房间里很难待得住人。我们就经常在傍晚将竹椅竹床搬到院子门口的长乐路边，聊着天讲着故事，直到半夜气温降下来了再回屋睡觉。外婆家门前的长乐路被法桐树罩着，特别茂密壮观，犹如撑起的一排排巨大绿伞，使行人晒不到太阳。儿时最喜欢南京各大道路上的排排大树，尤其是太平北路和北京东路上的雪松和水杉挺拔威严而有气势，坐在公交车上看它们的视角是最好的了。中山路和中山东路上的 4 排粗壮法桐遮天蔽日，给南京炎热的夏天带来阴凉。

所有这些构成了我儿时最美好的回忆。那时虽然家里生活条件有限，房屋仅能解决最基本住的问题，但城市的环境是宜人的，街巷的尺度是亲和的，市井文化氛围是浓郁的，邻居间有共同生活的场景，因此交流也是频繁的。现在很多大型创新型公司如 Google、Facebook、亚马逊等总部大楼里共享空间的设计，有意创造一些人们"偶遇"的空间，增加人们碰面和交流的机会，以便随时随地地进行脑力碰撞，我想这与我小时候的生活场景似有异曲同工之处。

二、天津家属大院筒子楼的生活

20 世纪 70 年代末，我上小学四年级时，回到了天津父母身边。我在天津的生活环境与南京完全不同。父母所在单位是铁道部下属的几千人大设计院，职工来自于全国各地。我们就生活在单位盖的家属大院里。大院由一排 20 世纪 50 年代盖的三层楼房围合而成，每家一到两间房，每三两家人共用一个厨房和卫生间。

我们这一栋一层有七户，通过一条走廊连通。我家四口人住一间约 18 平方米的房子，并与另一户共用一间厨房和仅有一座便器的暗厕。房间里放一大一小两张床和一张写字台和饭桌外，再无多余空间了，除了洗菜和烧菜在共用厨房操作，其他一切生活事项均在 18 平方米的房间内进行。邻居都是一个单位的同事，相处融洽，互相照应。由于各家来自不同的省份，各家的饮食习惯也就不同。俗话说小孩儿都觉得"隔锅的饭香"，这话一点不假，儿时的我最爱到邻居家吃饭，尤其是有家山西人做的面食既好吃更好看，能将普通的馒头包子做出刺猬、兔子、小猪等各种花式形状，甚是可爱。隔壁邻居中午休息的空档就能从无到吃上饺子，这剁馅、和面、擀皮的速度是来自南方的我父母望尘莫及又羡慕不已的。因此，我从小就跟邻居学会了包饺子包子和擀面条烙饼，至今仍然是我家做面食的主力。

我们家属大院约为 80 米 ×35 米（凭记忆）的长方形空间。院中间有一棵大槐树，春天槐树开花时，院子里的孩子们就爬上树摘槐花玩儿，也有的拿回家给妈妈放到面里摊饼吃，非常香甜。除此之外，院子里就再没其他设施了，比较单调。正因如此，院子基本只充当着人们上下班往来的交通空间，而少有人停留。我在那院子里摔了好多次跤后终于学会了骑自行车。

后来单位分房，我家搬到另一个家属大院，住房增加到一间半，同样是与邻居共用厨房和暗厕所。

三、天津 80 年代单元房生活

1984 年父母单位新建宿舍区，我家才分到两室一厅的单元房。这是一梯三户的五层楼。受以前居住习惯的惯性影响，住房布局是大房间小过厅，

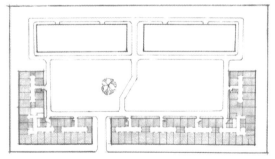

天津某设计院家属院平面（建于 20 世纪 50 年代，
凭记忆绘制）

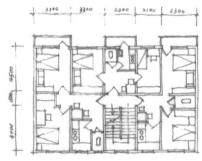

天津某设计院 20 世纪 80 年代家属楼
（凭记忆绘制）

大房间兼具待客起居和睡觉功能，小过厅仅为吃饭和过道的功能。有独立的厨房厕所，都是直接对外开窗的，厕所仅有一蹲坑，厨房除了水池和煤气灶还有简易的操作台。过厅很小，是暗厅，只能放张餐桌吃饭。虽然整栋楼的邻居同样是一个单位的，但因回家就没有了交集，也就很少来往，比较陌生了。

大人们来自五湖四海，操着南腔北调的普通话，我们孩子也就跟着说普通话了，我至今也不会说地道的天津话。那时单位就是一个小社会，职工的吃喝拉撒睡全包，甚至夫妻吵架离婚都管。因此，我感觉在天津就是掉进了这个小社会中，而非天津。从幼儿园到小学再到中学都是在职工子弟学校，吃饭有职工食堂，洗澡也在职工浴室，甚至游乐都有特定的场所：北宁公园。那时的公园都要门票，对于普遍经济拮据的多数家庭，去趟公园是件很奢侈的事情。因为北宁公园归属铁路系统，所以对铁路职工和子弟免费开放，我们就得以自由进出。那里的动物园和滑梯留有我儿时的欢笑，那里的澡堂、游泳池、电影院和水面山丘留有我和同学们结伴的身影。可以说，北宁公园提供了我们几乎所有的娱乐活动所需场所。但是，因为和天津本地的生活少有交集，我们的生活环境与天津本地的传统习俗和生活习惯有一定的距离，也缺少天津的地方文化熏陶和市井气息，这是很遗憾的。

四、工作后首套住房

大学在外求学后，我又回到南京工作。结婚后的第一套住房是1999年赶上了单位最后一批福利分房。那是一幢28层的高层居住小区。每层有八户，围绕着电梯井成回廊式布局。我家是东面的两室一厅单元房，建筑面积64平方米。房间布局仍然追求大卧室，但厅比以前大了，除了可以放餐桌吃饭，还可以容纳沙发电视，起到了起居和待客功能，但受户型所限，客厅是不对外开窗的暗厅。厨房厕所都是明的，厕所除了一个抽水马桶还增加了洗脸池的空间，我们自己加装了热水器也可以凑合着洗澡。因我家厨房窗户正对着邻居家入户门，进出都有视线上的交集，因此与这户老夫妻邻居就比较亲近，经常聊聊天，而与其他邻居少有交往。

我们这个高层小区也地处南京老城南，是将明清时期建的砖木结构大杂院

南京某高层小区建于 1999 年（来源：google 卫星图）　　南京某高层住宅户型平面

住宅（与我儿时居住的环境相似）拆除后在原地新建的高层住宅，被拆迁户原地安置在新建住宅中，开发商再将多余的住房卖给有需求的单位分配给职工。由于拆迁安置成本巨大，因此小区容积率高达 3.5。整个小区有四幢 28 层左右的建筑，共有 2200 多户人家。建筑地下室是自行车停车库，没有考虑小汽车的停放问题。小区内仅有的小绿地，被小区内道路分割为二，内植夹竹桃和草坪，边缘是矮灌木围绕。种植品种较单一。绿地旁有座椅供居民休息停留。私家汽车兴起后，小区仅有的一点绿化空间和小区道路两边都停满了汽车，再无休闲或玩耍空间。南京很多 2004 年以前建的小区都存在同样的汽车停车难问题。2002 年，在小区边又插建了幢高层住宅，遮挡了我们这幢很多户的阳光，为此被遮挡居民联名状告规划局讨要阳光权。经日照计算，虽然小区内几幢高层的遮挡满足冬至日一小时要求，但没有将周围高层遮挡纳入日照计算之内，所以被遮挡户的实际日照时间是不能满足规范要求的。之后开发商给每户补偿 1 万多元了结了此事。那段时间，因为在市区高密度地区盖房子而引起的阳光权纠纷此起彼伏，规划局迫于压力开始在新建建筑的规划设计中重视红线外建筑对日照计算的影响了。

　　城南大片老宅在随后十年间陆陆续续都被拆除，最具特色的老街巷也随之消失，当然包括我儿时居住的外婆家老房子。直到今天，我还时常在梦中回到长乐路 67 号老房子中。2015 年前后，为了保留南京传统文化，市政府在离我外婆家不远的老门东，又模仿原来的建筑和街巷空间，重新建了一小片街坊，供人怀旧，这是后话。

南京某高层小区内道路两边停满车辆，挡住了仅有的小绿地

五、商品住房时代

2004 年我购买了商品房。新小区是在城市边缘的农田上盖起来的多层小区，因此建筑容积率相对低一些，为 1.3，绿化率为 50%。建筑为六层的一梯两户型板楼，户型为三室一厅，建筑面积 140 平方米。这户型较好地考虑了起居等动空间与卧室静空间的分隔，同时也将进餐空间从起居厅中独立出来。客厅落地窗和卧室飘窗为更好的视觉景观创造了条件。厨房和厕所比以前的户型更大，容纳的活动内容也更多了。厕所不仅考虑了坐便器和洗脸台位置，也留有洗浴空间。厨房除操作台外还考虑了冰箱位置，设计的入户花园与大进深阳台更追求生活的舒适。

小区内比以前更注重景观的塑造。植物配置更加多样，春天樱花、玉兰、栀子花、茶花，夏天荷花，秋天桂花、银杏，冬天蜡梅，真是一年四季都有花开。建筑外立面也更加丰富。小区内的水景广场，高低错落，层次丰富，水池内有喷泉。不过喷泉因太费电很少喷，几近荒废。小区有地下停车库和部分地面停车位，但由于建设之初没有预料到私家车发展如此迅猛，所以并没有设计足够多的停车位，导致现在小区内道路两旁也停满了汽车，严重影响了小区环境质量。

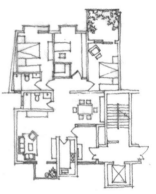

南京某住宅小区建于 2004 年（来源：高德卫星图）　　　　　南京某小区户型平面

南京某小区内水景广场

南京某小区内道路停满车辆　　　　　　　　南京某小区内绿化

六、城市交通出行的演变

自从 2004 年搬入该小区后，由于离家较远，坐公交车不方便，上下班交通工具由原先骑自行车改为开汽车。那时的快速内环高架桥刚修好，在上面开车一路畅通。发展到今天，快速内环高架桥上从早7点到晚9点、从周一到周日，都是小堵到大堵。根据南京统计局的数据，南京市民用汽车总量从2004年的31.15万辆上升到2017年的239.2万辆，13年上涨近8倍。城市在不断扩宽道路解决汽车拥堵问题的同时，不断压缩自行车道和人行道宽度，在有些地方，甚至是自行车和人行混行，给行人出行带来很多不适。主干道上粗壮的行道树也未能在道路拓宽中幸免。中山路、中山东路和中山北路上原先四排两人粗的法桐被砍掉了两排，一些小街巷中的树更是被砍，曾经被命名为南京市树的雪松也日渐稀少，后来修地铁又消失了不少老树，甚是可惜。虽然后来也补栽过一些树，但再难恢复往日遮天蔽日的气势。如今也只有长乐路和升州路等几条可数的道路保持了原貌。

长乐路原来宽阔的人行道被改为
非机动车道和人行道

长乐路原来的人行道被改为
人和非机动车混行道

　　城市慢行空间不断被蚕食的同时，并没有解决交通拥堵问题，反而是愈演愈烈，迫使市政府反思城市交通究竟应该如何发展。在学术界不断呼吁公交优先的背景下，南京市开始转变发展思路，一方面大力发展公共交通系统，包括加快地铁线路建设、优化公共汽车线路和频次，改善地铁与公交汽车换乘距离，加大公交换乘优惠等措施，还有共享单车解决了出行最后一公里问题，使公交出行比以往要便捷许多；另一方面提高小汽车出行成本，将汽车停车收费标准按照市区边缘向市中心逐级升高的方式，通过价格机制等市场化手段来减少人们出行开车的次数。虽然现在慢行空间仍然不尽如人意，但我基本每天坐公交上下班。南京统计局的数据也验证了我的个人感觉：从2000年到2005年公交客运人次持续下降，这段时间也正是私家汽车开始发展和道路不断扩宽时期，为出行便利，人们尽量选择私家车而避免公交车出行。随着地铁的建成和公交线路的不断优化以及公交发车频次增加，公交换乘更加便捷。从2006年起公交客运量开始逐年回升，到2011年已回复到十年前的客运量，之后公交客运量继续增加，2017年公共汽车客运量达187695万人次。与此同时，地铁建设和客运量也快速增加，2017年地铁客运量达97892万人次。地铁和公共汽车组成的公交网络系统越来越完善，大大减少了私家汽车的出行。如今，南京是全国少数几座不靠限行解决汽车拥堵问题的特大城市之一。

2000年以来南京城市公共交通发展情况

年度	运营车辆（辆）	地铁（辆）	运营线路网长度	地铁长度	公交客运总量（万人次）	地铁（万人次）
2000	3538		1061		134705	
2001	4362		1196		104029	
2002	4360		1446		105696	
2003	4439		1323		91818	
2004	4796		2277		96590	
2005	5158	84	2656	22	96920	357
2006	5246	120	2575	22	100827	5798
2007	5709	120	3080	22	106481	8016
2008	5911	120	3194	22	112712	10379
2009	6201	120	3141	22	125200	11535
2010	6662	366	3549	82	126887	21460
2011	7023	450	3905	82	139986	34370
2012	7049	480	7670	82	149571	40060
2013	7426	480	8225	82	151650	45216
2014	9091	746	9336	187	156542	50317
2015	9515	1120	9885	232	174072	71712
2016	10402	1194	10477	232	177600	83153
2017	10282	1517	11476	364	187695	97892

数据来源：南京统计年鉴

七、总结

回顾近几十年的发展，我们的住宅发展经历了几个阶段。最初只能满足最基本住的需求，多是大杂院的混居状态；改革开放后开始新建一家一户单元房，从几家共用厨房厕所到独家具备厨房厕所，住宅功能不断齐全，使居住质量得到明显提升；2000年正式取消福利分房后，将住宅的选择权交还到人民手中。为了更好地卖出房子，市场机制下的商品房建设，开启了对人生活的关注和对居住空间舒适性的研究，住宅品质得到质的飞跃。单元户内，从暗室到明室再到落地景观窗，大大改善了视觉效果和心理舒适度；起居和待客功能也从卧室中分离出来独成一体，使动静分区各得其所；厕所从无到有，从单一坐便器到增加洗浴，功能不断增加。阳台从小到大，从一个到多个，增加了室内与室外的连接。户外环境也从无绿化到有绿化、从单一种植到多品种种植，使小区环境大大提升。但人和人之间的交往却越来越少。十多年前曾经有段时间媒体总报道大杂院的邻居搬入单元房后的种种念旧和对邻里疏远的失落，后来似乎人们都已麻木或习惯了这种独门寡居的状态。

当居住条件得以改善，物质生活达到一定水平后，人们开始追求精神方面的需求，才发现我们的邻里交往是缺失的。根据英国有关社区研究，睦邻交往和互助能形成一种"社会黏合剂"，将原本冷漠的人们有力地维系在一起，是健康社区的必要品质，直接影响了人们的幸福指数。近些年，源自日本和中国台湾的社区营造理念进入大陆，再次将邻里关系拉入我们的视野。我国自古就有"远亲不如近邻"的说法。以前混居而稳定的居住形态客观上将邻里生活链接在一起，生发出频繁的日常交流和互助行为。今天的单元式户型较之以前要封闭的多，需要思考如何在保证居住私密性的前提下创造出有活力的社区和社区空间。这不仅涉及公共空间的设计和改造，还需社会治理方面的重塑。如果能有更多样的公共空间，吸引人们走出家庭，进行邻里间的互动和交往，如组织技能交换或花园共享等自助互助项目，那么邻里认同和社区黏性就会增强。这应该是未来居住环境的努力方向。

私家汽车的迅猛发展无疑给还没做好准备的居住环境和城市空间带来了巨大压力，某种程度上可以说汽车改变了城市形态。我们既是汽车的受益人，也

上海某社区居民共建花园

图片来源：刘悦来，尹科娈，葛佳佳. 公众参与协同共享
日臻完善——上海社区花园系列空间微更新实验，西部人居环
境学刊，2018（04）.

是汽车的受害者。在不断的道路拓宽和城市更迭中，原有的传统而丰富的空间
大多已消失，取而代之的是趋同的高层建筑和拥挤的宽道路。虽然南京近些年
的交通出行环境有所好转，但仍然存在着步行空间不成系统，非机动车空间被
挤占，慢行舒适感不足等问题。对于历史文化名城的南京，是更适宜以脚丈量
的城市，在慢行中体验其深厚的历史积淀。希望南京有朝一日也如哥本哈根一样，
成为"步行者的天堂"。

我的半生，我的家园

——浅谈人居环境变化与品质发展

受访者：段德罡

　　我的大半生，经历了"文革"的末期及改革开放的 40 余年，深刻感受到国家的发展变化对一个老百姓全方位的影响；50 年来，生活环境经历了从小山村到小县城到大都市的变迁，每一处栖息地对自己的价值观、人生观、世界观的形成都起到了决定性作用。

一、腾冲——浸淫在传统文化中的幸福家园

　　我出生在云南腾冲的一个小山村——云华村。我七岁以前，父亲在中甸（今香格里拉）工作，母亲带着我和妹妹生活在村里。当时村里家家户户都很穷，有很多人家吃不饱饭。村里的房子依山就势，高高低低隐藏在大树下、竹林边、石墙后，家家户户都很破旧。我家有三间正房，单侧厢房的位置是养猪、堆杂物的简陋板房。印象中我小时候没怎么穿过鞋，渐渐也就习惯了光脚丫在高低不平的鹅卵石路上行走，小小年纪，脚底就有一层厚厚的茧子。那时候最难忘的记忆就是冬天缺水，村里的井干了，只能到很远的一个山涧取水，一个小小的泉眼，半天才能渗出一桶水的量，村民得去守着，满了盛走，很费功夫。记得有一次，我妈让我守着泉眼，她去忙别的事情，不料小水坑快满的时候，来了个大人强行把水舀走了……我至今记得我妈看到后那愤怒而绝望的眼神。"清冽""甘甜"是大多数人对泉水的印象，对于我，却往往是那个困难年代的记忆。

　　七岁后，我们举家去了中甸，由于路途遥远，其后十余年间几乎没回过腾冲，

直到1995我父亲退休告老还乡，腾冲才再度成为我这个游子每年回家的目的地。父母没回小山村云华，而是选择在我外婆家所在地固东镇盖房，后来因医疗条件等原因搬到了县城。随着改革开放，腾冲的城乡也在发生巨变，各种条件都改善了，现在已经通了高速、修了机场，逐步发展成为一个驰名中外的旅游胜地。由于从事了规划设计专业，在每年有限的回腾冲的日子会从专业的角度去认知，感悟腾冲老百姓的生活，慢慢发现腾冲在快速发展的同时一直坚守着传统文化的精髓，并将其传承于每个人的日常。相对于当下别的许多地方，传统文化更多的是出现在课本里、宣传口号里，出现在城乡空间塑造中的雕塑、小品里，举目皆是，却只是一些标榜自己僵死的符号，并未能在百姓的日常生产生活中发挥作用。

我认为腾冲的"家堂"对文化的传承起着核心作用。腾冲人家，不论住的是传统的老院子，还是在城里买的商品房，一定会选择一个核心空间设置家堂。家堂正中叫做"五福堂"，供奉的是"天、地、君（国）、亲、师"；右边叫做"奏善堂"，供奉的是土地、灶君等赐予你物资的自然神灵；左边的叫做"流芳堂"，供奉的是自家的祖宗和变迁历史。腾冲人每年有数十个日子要在家堂祈福、祭祀、祷告、上香，这形成了腾冲人生活的脉络。一个人的一生，就是在家堂的各种活动中从旁观到参与再到主事的过程，在这个过程中慢慢懂得、恪守人生的信条：要敬畏天地、要忠君爱国、要尊师敬长，要感恩赐予你一切的神灵，要记住祖宗、知晓出处……把所有这些信条合到一起，就解决了"人以何立于天地间"的基本哲学问题，也自然会引导着每个腾冲人的生活富有仪式感和节奏感。

"家堂"文化会促成一种地方良知，主导当地社会的价值取向。腾冲的国殇墓园是大陆保存最完整的国民党墓园，可在我小时候的记忆中却从来不知道有这样一个墓园，整个"文革"期间，从来没人提过，像凭空消失了一样。多年后，随着两岸关系缓和，国殇墓园才浮出水面，成了著名的抗战纪念场所和爱国主义教育基地。我问过当地的老人，为什么墓园在"文革"中没有受到冲击而得以保留？老人的回答很简单："不管是共产党，还是国民党，他们都是为保卫我们的家园而牺牲的，那就是我们的恩人，我们世世代代都会供奉和保护他们……"。在受到威胁的日子，老百姓选择了"忘却"的方式使它免遭破坏；在太平盛世的当下，老百姓时常到墓园祭拜献花以慰英灵。我想这就是"家堂文化"深入到每一个腾冲人骨髓里的必然结果吧！

从腾冲人宁静安详的生活中，我们看到了"传统"对于高品质人居环境的作用。"传"是传承，"统"是一个系统，"传统"是人与自然、人与人和谐相处的价值观、方法论，是一个随着时代既有延续又不断完善的人类生存智慧系统。所以，传统传承不只是要保护有历史价值、承载记忆的物质空间，更重要的是要将人类社会的生存智慧通过一代一代的人传递下去。传统有助于形成社会生活的节奏感、仪式感，从而提升人居环境的内核品质，使我们一代代人能记住历史、明辨前行的方向，促进整个社会安定繁荣。

二、中甸 隐匿于原生自然中雪域仙居

在腾冲小山村生活到 7 岁，1977 年我们举家搬到了中甸和父亲团聚。当时的中甸自然、淳朴，但对于当时在这里生活的人们来说生活条件是非常艰苦的。中甸地处偏僻高原，交通极不便利，通常半年的时间大雪封山，交通中断。入冬前大家都在忙着储存各种过冬的物资，比如挖地窖储藏的土豆、晾晒各种干菜叶子、腌制各种腌菜什么的。冬天里如果偶尔路通了，从大理拉来一车新鲜蔬菜，会在县城里成为一件轰动的事情。

在中甸的 12 年岁月，时逢改革开放的前期，生活及其环境都在一点点的变化着。我们全家一直住在父亲工作的学校里，一开始挤在一个单身宿舍，后来调到了一室半，再后来，学校盖了一些新房子给资深双职工家庭，是很长的平房，每家"田字形"的四间房，前面有狭窄的小院，院子里盖了厨房；房后就是山，山坡上自己开菜园、搭猪圈养猪、盖板房搁置各种闲杂物件。学校里大部分的房子都是土木结构的，做土基（土坯）是劳动课的内容之一，后来慢慢有了砖房，再后来才有了少量楼房。记得头一次站在二层教学楼的走廊往下看，头晕心慌气短，知道了什么叫恐高症。自来水是在 1985 年前后通的，以前每天都得到井边洗衣、洗菜、担水；电视也是那年有的，我爸被评为云南省先进教师，被组织表彰，第一次走出云南去了趟北京，回来后咬牙给家里买了彩电、收录机。学校里一直不变的是厕所，那时候整个中甸用的都是旱厕，有三个，老师、学生都会频繁地去担粪浇菜地。学校里房子少，菜园多，每班都有菜地，每个学生都要种菜，成熟了交食堂、卖钱交班费。

在中甸生活的12年是幸福的，这是我们一家四口平平淡淡、团团圆圆过日子的仅有的12年。这12年也是我集中获取生存能力的12年。父亲告诉我说"做家务是学习的休息，学习是做家务的休息"，让我明白了统筹兼顾且提高效率。从上小学到高中毕业，每天担水、洗菜、劈柴、扫地、喂猪、喂鸡、翻地、种菜、浇地、施肥……都是课余要帮着家里做的事情；我跟我爸学了种各种菜，跟我妈学会了做各种菜，这些都成了我人生的资本。上了中学以后，胆子大了些，就到几十里外的山里找各种菌子、挖竹笋、挖药材；同时也做各种生意，去市场卖自家的菜，后来发展到收购其他老师家的菜去卖，赚差价。日本人来中甸收购松茸以后，我也到山区收购松茸来卖给贸易商。12年的中甸生活，不止上了学，还干了务农、养殖、经商等不少事儿。看着今天的孩子们，除了上学就是上各种补习班，觉得自己的青少年时代真是丰富多彩。

香格里拉在我的记忆里就是蓝天、白云、雪山、草地、森林、小溪，真的是一幅世外仙居。入冬前藏民把牛羊从雪山赶来坝子，搭起一顶顶帐篷；开春时，春风四起，白脖子乌鸦飞满天；夏日里，漫山遍野的杜鹃，每年都会换地方的野餐聚会；秋日里，割青稞、挖洋芋、收蔓菁，一片忙碌的喜悦。上中学时偶尔逃课，一个人翻过山坡来到山后的坝子，一条蜿蜒的奶子河静静地流淌着，躺在河边，嚼着草茎，呆呆地盯着天上的浮云流过……香格里拉给了我什么？知时节、晓地理，能分辨不同的植物、动物，给了我在任何环境都能生存下去的信心。脚踏高原，与清风明月为伴，受惠于山林草甸，让我倍加珍惜职业生涯里每一个规划对象的自然生态环境，努力为后人留下一个可以与自然相拥的家园。

三、西安 挣扎于过去未来中的国际都市

1989年以后我离开香格里拉到西安上大学，刚到大城市有诸多不适应，从生活方式到空间环境都需要一个适应的过程。比如，当时觉得很奇怪，为什么要把厕所设置在房子里头？在云南的19年生活中，厕所一直都是旱厕，从思想观念上是很难接受要把厕所放置在房子里；入学后进入了秋冬季节，西安基本没见过蓝天，太阳是灰蒙蒙的天空上挂着的红盘子，空气里都是煤粉，桌子一天不擦就是一层灰……直到第二年开春，某天突然看到一树洁白的玉兰闪耀在

老图书馆前的蓝天下，我才第一次在心底接纳了这个城市，也从此爱上了玉兰花。从腾冲的小村庄到香格里拉的小县城，再到西安这样的大都市，我一点点地来感知，适应生活方式和生活环境的变化，其过程是比较艰难的，由此可知，城市的包容与普惠对城镇化进程中那些进入城市的农民有多么重要。

我留在西安有一个重要的原因，是当时全国都很差的交通条件，大西南尤甚。那时候我每回一趟家都是极其艰辛的事情，单程就需要七天，从西安坐火车到成都，再到昆明，再一站一站从昆明坐长途汽车到中甸。云南山大沟深，那时候路况很差，长途汽车每小时也就能跑二三十公里，每天到了下午四五点，司机为了安全就要停站休息，从昆明到中甸要走四五天。四年大学，我从未回家过春节，路上花的时间太长，觉得不划算。毕业时选择留在西安的原因就是从地图上看西安位于我国的中心，我琢磨以后我的孩子不论在什么地方学习、工作，都能方便回家。

我在西安已经生活了30年了，这个城市不论是人居环境自身的品质，还是支撑人居环境品质的外部条件，都改变了太多，和中国的每个城市一样，西安的发展变迁见证了中国改革开放的奇迹。刚来西安时，我们学校周边还有不少农田，登上大雁塔，周边全是麦地，秦岭离我们很远，而今天的西安，不站在图纸面前，我们已经很难说清楚她的边界。2000年后的西安，二环路上还可以飙车飙到160迈，而今天三环、绕城高速每天都拥挤不堪。从30年前配给制的尾声，到市场繁荣后城市各商业中心的繁荣，再到今天线上经济崛起带来的实体空间衰落；从效率低下的传统基础设施及公共服务体系到今天互联网支撑得越来越便捷的自我服务；从人与人面对面的交流、娱乐，到今天独自靠手机、网络打发时光……全新的生产生活方式对传统的城市空间环境提出挑战，也在挑战着传统的社会组织结构，为年轻一代的崛起带来无限机遇，也让一些上了年纪、缺乏知识更新能力的人们无所适从、惴惴不安。放眼更长远的时空，西安从辉煌的十三朝古都的历史，走向新中国成立后作为工业重镇的显赫、改革开放后的逐步没落，再到这些年的努力崛起，是世界由陆地竞争转向海洋竞争的必然结果。同世界上其他古都一样，自豪于自身厚重的历史，也在现实世界中矛盾而彷徨，为在未来重塑辉煌而努力着。

作为一个自然人，城市无论发生多大的变化，与自身生活工作相关的其实并不太多，每天活动的空间基本上是一个固定的区域，交际的是固定的人群、圈子。随着年龄的增长，越来越无心追逐各种潮流，连看朋友圈都会不自觉的选择屏蔽那些会给自己带来紧张感的信息。然而，作为一个专业人，不得不关注城市的种种变化对民众带来的种种利弊，自然时常会陷入各种困惑之中。一如西安这个城市，越来越多的人在快速发展中越来越迷恋于追忆过去，自豪于无与伦比的历史的同时，也在抖音上大出风头；在长安十二时辰虚幻的盛景中陶醉的同时，也在为越来越不堪重负的子女教育而痛苦；在为国家中心城市定位下的种种进步点赞的同时，也在吐槽着翻番的房价……在时代风云变幻的滚滚洪流中，城乡人居环境到底该怎样营造承载人民的幸福？幸福的层次是否有高下之分？城市是每一个百姓的家园，一个好的城市应该惠及不同的人群，而不是少量时代骄子的竞技场。作为一名尚在努力奔跑的70后规划师，在对城乡人居环境发展的未来迷茫、焦虑之中，越来越怀念在腾冲小山村、在香格里拉小县城的日子，安定而祥和，在自然的怀抱里，有规矩的过日子，有家有爱有温度，那是一种幸福的味道。

半生有幸，经历了国家的飞速发展，从小山村走进了大城市。作为一个受访者，谈及如何看待人居环境，我认为人居环境是一个人成长的平台，决定着一个人对他的自身价值判断及价值选择。这些年我一直在从事乡建工作，算是对追求理想人居环境的刻意回归。腾冲小山村和香格里拉的19年的生活经历，决定着我对乡村的态度：保护好乡村地区的自然生态环境，通过高品质的空间建设及制度设计，承载老百姓有尊严、有价值的生活。乡村应该发挥城乡节奏的调节作用，提供与城市生活有别的另一种幸福模式。理想的城乡人居环境是城市可以承载奔跑者的理想，而乡村则是回归宁静生活的天堂。

一名外国人在中国居住的经历

Robert Earley

　　来中国的决定是我一生中已经或将要做出的最重大决定之一。在中国的 15 年里，我先后住在两个城市，在两所大学学习，做过四份工作，住过七个不同的房间或公寓。生活就是一场大冒险，虽然我现在已经安顿下来，但我经历了许多事情并吸取了许多教训。中国在不断发展，我个人也在不断成长。

　　在我来中国之前，我从未在加拿大以外的地方居住过。在加拿大，我们居住于带有后院的独立式住宅，所在城市低密度的无序蔓延，必须依靠私家车出行。所以即使我知道中国人口众多，并且在 2004 年处于快速发展阶段，我依然无法真的预料从我下飞机的那一刻起会发生什么。

长沙住房　第 1 部分

　　我抵达中国的第一个城市不是北京、上海或广州，而是湖南长沙，因为我被聘为湖南大学的英语老师，长沙是我生活在潮湿气候中的第一个地方，而加拿大则相对干燥。九月份一踏上长沙的土地，我就感受到这个城市的绿意盎然和炎热高温。绿色，特别是潮湿，是长沙生活留给我的主要印象。

　　在大学办公室办理完各种手续并在附近吃了一顿美味的湘菜之后，我见到了我的第一位房东杜先生，他把我从大学中心沿路带到了一个叫 "jisuanjixueyuan"（计算机学院）的地方。你能想象对于一名刚到中国、只会说 "你好"、"一二三" 的外国人来说，这个地名该有多难记，甚至我感觉自己居住的地址也是很长而拗口。

沿着湖南大学开放式校园的街道行走，其中最引人注目的特征之一就是在建筑物外面大量使用的白色瓷砖，后来我才知道这在那个时代的中国南方非常常见。我还注意到在每个窗户和许多屋顶上都晒着衣服，而在加拿大几乎看不到这样的景象，因为我们洗衣后大多使用烘干机来烘干衣服（我现在认为这非常浪费能源）。

我在湖南大学计算机学院的公寓不在主干道上，所以我不得不拖着我的行李箱走到我的公寓。我记得要在岳麓山脚下爬一座陡峭的山坡才能到达我的公寓，但幸运的是公寓本身就在一楼。

我在长沙前半年所住的公寓比我在加拿大住过的任何公寓都要大。因为之前听说中国人口众多，这么宽敞的住宅让我很意外。地板铺设的是钝磨石，颜色为红色、绿色和灰色，排列成三角形和曲线形，有两间卫生间，一间配有东方风格的蹲便器，另一间配有西式坐便器。颜色适中的木质镶板装饰在门廊，两间卧室内置橱柜、壁橱和书架。

我在长沙的第一间公寓位于一楼，因此里面不是很明亮，但是如此之大，我真的很喜欢。我担心唯一的地方是厨房，虽然贴了白色瓷砖，但上面有多年烹饪后遗留的厚厚油脂，而且几乎没有进行过清洁。厨房里还闻到了煤气味，最糟糕的是油腻物似乎从外面吸引了昆虫和蜘蛛。厨房的状况不佳，而且我也找不到太多熟悉的食材自己做饭，所以我倾向于在大多数时间里关上通往厨房的铝合金门，不过，不做饭也没关系，因为附近餐馆的食物都很美味。

紧张的课程安排占用了我的大部分时间，日常生活忙于每天教课和备课。我喜欢在我的公寓办公，第二间卧室作为我的办公室，窗外芬芳的桂花树让我心旷神怡，空调保护我免受长沙在初秋的湿度影响。计算机学院建在岳麓山脚下，学院后面有一个小门通往岳麓山公园，没人检查门票，我可以"秘密"的出入，在课余时间我和朋友一起游览公园。每天我上班会沿着旧砖砌棚屋旁边的小路走上山路，那里住着退休的大学职工。虽然这个区域有点陈旧而古朴，但初来乍到，给我的印象非常好，生活非常舒适、安逸。

不幸的是，我住在这套公寓的时间不长。不知道为什么，在此住了几个月后，学校通知我收拾行李搬到另一套公寓。当我在2019年初回到同一地点访问我的旧居时，我发现一切已经物是人非，整个计算机学院已被一座巨大的白色未来主义风格建筑所取代，前面有一个牌子：长沙国家超级计算中心。

长沙住房　第 2 部分

我在湖南大学附近的第二套公寓比第一套更加普通。该建筑也位于庐山南路附近的一座小山上，一辆面包车将我和行李拉到该公寓楼。这座建筑被宽阔的落叶树木环绕，外面是粗糙的水泥，外观并不显眼。我住在顶层，每天需要爬五层楼梯，公寓门前有一个木柜，我可以存放不需要的鞋子和其他物品。公寓门不是用金属门而是用漆成黄色的木材制成，门上装着看上去不那么坚固的挂锁。

公寓的天花板很高，可能超过 3.5 米，尽管窗户相对较小，但是公寓在建筑物的顶层，所以光线很充足。起居室的地板由朴素的米白色瓷砖铺成，墙壁被漆成纯白色。虽然主卧室有木地板，但给人的感觉却并不舒适。这套公寓没有第一套公寓的木质装饰，对比之下，感觉第一套公寓真的很不错。

我在这套公寓里了解了更多长沙的日常生活。由于没有配备空调，我不得不使用房东提供的蒸汽式空调，在提供冷空气的同时，也使公寓更加潮湿。我记得经常在晚上往空调里加满水，这一苦差事真是苦乐参半。但更重要的是，我在这套公寓里了解到长沙的冬天，温度下降到接近冰点，寒风呼啸，雨雪纷飞，但没有暖气。即使在这些寒冷刺骨的冬日里，我也被鼓励打开窗户通风。每天晚上，我在整理床铺时候要加热一些电"石头"，这样可以在睡觉前几分钟把它放在床上。我还要打开一个小型电暖气，以保持卧室温暖。后来访问我的一些中国朋友的家时，我才知道人们为什么需要在冬天打开窗户，因为他们使用煤炉取暖。这是一种简单的炉子，放在餐桌或牌桌下，盖上一张毯子，使家人在聊天、喝酒、打牌或麻将的时候腿部能保持温暖。我猜想窗户必须保持开放状态，以免人们被煤烟窒息。

在 2004 年至 2005 年冬季，长沙发生了许多变化。我虽然不明所以，但是城市经常出现电力短缺，这意味着大学的住宅区在白天没有电，但更重要的是，经常停电使得水泵无法为公寓供水。有一段时间，每天只有几个小时供水供电，我晚上下课后回到家，不得不快速打开电热水器，然后接上几盆水，以便第二天早上使用。在寒冷的冬夜，短暂的热水淋浴是如此的奢侈。

最终，我在长沙的短期居住改变了我的生活。虽然我在那里遇到了很多挑战，但最终美味又辛辣的食物、活泼的学生和来自国内外的热心朋友给我留下了关于中国的美好印象，让我想继续留下来。尽管湖南大学从那时起已经发生了很大变化，但长沙的生活给我留下了许多珍贵的回忆。

北京宿舍生活

在长沙期间，我遇到了一位加拿大留学生，他曾获得加拿大—中国学者交流计划奖学金以学习汉语。他建议我也申请奖学金，我决定申请到北京学习，以便更多地了解中国的制度和环境政策。我被分配到北京第二外国语学院（BISU）。作为获得奖学金的学生，我被安排住进学校宿舍，舍友是一位日本同学。

我之前从未住过宿舍。在加拿大，我在家乡攻读本科学位，不需要住校。而且，加拿大的大多数国内学生只能在学校宿舍居住一年，然后必须搬出学校，自己去社区租住公寓。我在滑铁卢攻读硕士学位期间，根本没有住在学校。

我的宿舍居住体验和我在长沙的居住经历有很大不同。这座建筑相对较新，走廊上铺着闪亮的白色大理石，门口有黑色瓷砖。再次，住在大楼的顶层，我们有高高的天花板，非常舒适，在夏季和冬季提供良好的通风。每个房间都有两张床，房间两侧各一张，还有一张办公桌和一个简单的衣柜。房间干净而现代，墙壁洁白，两张床之间有大窗户。与我共住的日本同学在一家重型机械公司工作，在繁忙的职业生涯中抽出时间学习中文。虽然我们自己的房间没有浴室，但宿舍区有干净而宽敞的公用浴室。宿舍集中供暖，我没有再遇到和长沙的寒冷相同的挑战。我们关闭窗户，专注于学习。我记得我经常学习到深夜，然后独自一人去无限热水供应的大公用淋浴房里冲澡。经历过长沙的寒冷冬季，在北京经过漫长的一天学习后，享受长时间的热水淋浴真是无比的舒服。

外国留学生宿舍也给人一种社区感。来自这么多国家的学生在一个地方，我们可以互相访问，一起聊天，在彼此的门口喝啤酒。我在那里结交了一些终生朋友，尽管他们大多数都离开了中国，但直到今天我们仍然保持联系。唯一不方便的是，二外的大门夜间要上锁，这与湖南大学不同。虽然外国学生在深夜回来的自由远远超过中国学生，但如果我不得不参加城里的活动并返回大学，那仍然很麻烦。尽管如此，我在学校和北京市区都有丰富的社交生活。

五道口

在北京，外国留学生如果没有五道口的生活经验，那他的留学生涯就不会完整。在二外学习一年后，我决定进行不同的尝试，于是就报名参加了北京电影学院针对外国学生的汉语课程。虽然离五道口不太近，但我决定留在那里，因为附近有更多的学生。我的第一次租房是与一位在清华大学下属公司的职员合租。我在那套公寓房里有一个小而舒适的房间，但房间的奇怪之处在于它有一个面向客厅的大窗户，因此我的房间没有太多的隐私，别人可以看到我的房间或者听到我说话的声音，所以我没有在此居住多久。

我在五道口居住的第二个地方是东王庄，也是一个合租公寓，但室友在个人生活中更加节制，这使得大家更容易友好相处。那套公寓位于一栋古老的砖砌建筑内，但内部经过翻修，装修得很好，木质地板，墙壁上覆盖丝质装饰物。虽然着色很暗，但窗户可以透入充足的光线。房子很安静，也很适合学习。在东王庄居住期间，我也在位于北京另一边的798工厂区找到第一份工作。今天，我无法相信当时我会每天骑自行车穿行在北京北部去上班。在2006年至2007年间，奥林匹克体育场还没有完工，奥林匹克公园正在建设中，除了卡车之外，城市北部并没有太多风景。

重返都市

尽管五道口是留学生的必经一站，但对于在北京工作的人来说，这并不是一个方便的居住地。我决定在靠近市中心的地方找到一个功能齐全的公寓，于是就搬进了鼓楼外大街《工人日报》宿舍区一套位于二楼的公寓。我终于拥有了自己的公寓，一套有一间卧室、办公室和开放式厨房的现代化公寓。开放式厨房非常好，它将厨房和公寓的其他部分结合起来，和封闭式厨房是完全不同的设计和理念。它还要求定期清洁厨房，这意味着即使是租来的公寓，厨房也不会有结块的油脂。最终我有了一种回家的感觉。

从厨房的窗户可以看到大院的大门以及下面的街道，当我洗碗时，我可以看到人来人往的繁忙街道。这是我自己租来的第一套公寓，生活在那里我感到很自豪和自由。我有漂亮的家具，我可以舒适地做饭（如果我想做饭），我有一个放置烤箱的地方。此外，我有自己的洗衣机、电视、高速互联网、书架和存储空间，这包括了一个年轻人在家庭生活中可能需要的所有东西。楼下的街道有菜市场以及地铁2号线的便捷公共交通。附近的餐馆也在靠近鼓楼和钟楼的二环路内，这是一个很棒的适于生活的地方。但是，我只能在那套公寓租住一年，而当租约结束时，我不得不找一个新的地方再次安家。

安顿下来——东直门

我在北京的最后一所房子是我现在住的，也是我成年后生活了很多年的地方。我的家在过去的9年里一直位于东直门内的民安小区，在俄罗斯驻北京大使馆正南，以北京本地人和外国人共处的多元化而闻名。民安社区最初是北京一排排的胡同，后来胡同拆除后于2003年左右盖起了多栋住宅楼，其中很多居民是胡同的原居民。

当我第一次搬进民安的公寓时，我并没有想要住很久。公寓里有一些旧家具，一个相当不错但老式的封闭式厨房，墙壁光秃秃的，在我四处走动时似乎还有回声。这套公寓面积80平方米，有两间卧室和一间卫生间，已经足够大了，但在那个时候感觉不太像家。实际上，在我搬进来的那一年，我已经四处寻找过该地区的其他公寓，但东城区的房租越来越贵，付一个月的房费给中介公司似乎不再划算，所以我就决定继续在这里租住。

多年来，尽管这个地区的租金上涨了一倍多，这些楼房里的生活质量或服务质量却没有任何改善。我的理解是，随着中国公民在北京买房的机会越来越少，房地产中介开始把租户作为重要的收入来源。每出租一套公寓，房地产中介就可以收取一个月的租金，租金越高，他们的收入就越多。因此，房地产经纪人开始鼓动房东提高租金。租金涨了一倍多，我搬家的可能性也大大降低了。我很幸运和我的房东关系很好，虽然我们的房租涨了很多，但并没有达到应有的水平。

我租住在民安公寓的时候结婚了，我的妻子来和我住在一起。她在我们公寓的经历之一是，有一天晚上我们睡觉时，厨房水槽下的一根水管爆裂，淹没了整个房间。我们整晚什么也没听到，直到楼下的邻居开始敲门，我们才醒过来。

你能想象我们睡眼惺忪地醒来，把脚放在地上，却发现脚在两厘米深水里的感受吗？我们迅速关掉了闸门，开始清理。幸运的是，邻居的公寓没有受到严重破坏，甚至我们自己的公寓在干涸之后也大部分恢复了正常，我们很庆幸没有在睡梦中触电而亡！

"洪水"过后，我们决定美化一下环境。在我妻子的鼓励和创造力影响下，我们首先替换了公寓里所有的旧家具，房间有了巨大的变化！然后我们问房东我们是否可以装修。已经在这套公寓里住了将近7年，房东对我们很满意，也同意我们做一些改变，所以我们就付诸行动，雇了一个承包商拆除了厨房和起居室之间的墙，使之成为一个现代化的开放式厨房。

改造公寓不是一件容易的事。由于我们没有打算把房子全部翻新，所以就决定在装修期间继续居住在这里。此外，那段时间我主要在家里工作，所以我不得不处理出现的各种问题。尽管整个过程又脏又吵，我们还得安抚因为被装修打扰而不满的邻居们，还有一些脏乱的管道在装修过程中发生破裂，但当装修结束时，我们感到非常高兴，要是早点开始装修就更好了！也许将来我们还会对房子做更多的改变。

人们经常问我是否打算在北京买房，我的回答是，首先，我负担不起。北京的住房太贵了，普通人现在买不起。其次，我不确定我是否要买一套公寓。不管是好是坏，我知道同样的钱在世界上的其他地方可以买到什么，比如长久的产权、花园和隐私。说实话，北京的公寓并没有真正以合适的价格提供我想要的东西。有时候，当我回忆起2005年我第一次来到北京时，我当时决定不买房，但我几乎不知道，14年后我会坐在这个美妙的城市里写这篇文章。在学习中文的时候，我知道有一句话叫做"世上没有后悔药"。所以，我不后悔这个决定。然而，在未来，我希望北京能够通过可靠的契约和限制价格的不合理上涨等手段，为租房者提供更稳定市场。如今越来越多的年轻人买不起房，但他们能够给北京带来活力和创新，逐步完善承租人的权利和责任体系将惠及所有人。

80 后的个体住居小史

傅舒兰

现代主义"灰空间"

回忆成长居住的环境，最早是 1970 年竣工的工人新村。一共四栋 5 层的建筑，沿杭州环城东路一字排开。我家所在的 1 幢，位于最南端。整栋建筑是凹型平面，分两个单元组织：每单元每层布置 11 户，围绕中心一列排开的浣洗台、公用厕所和浴室展开。记事以来，一家三口就住在那儿了。进单元门，要通过黑洞洞的楼梯间。爬上 4 楼先看到中心的公用区，再右转转回黑乎乎的走廊，尽头推门进屋。推门正对两间通室，每间都开了窗，外带一间狭长的厨房，总面积大约 25 平方米。室内的家具和摆设，差不多都是父母结婚时置办的，在我出生后逐渐调整了布局。房间的尽头是阳台——我最喜欢的"瞭望台"，没事就趴在那儿，或低头观察来往行色匆匆的车辆和路人，或远眺如银带一样铺开的护城河，

工人新村外观

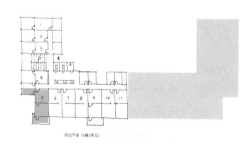

四层平面（1幢1单元）

工人新村一幢 1 单元平面

工人新村室内照片

听时不时呼啸而过的火车轰鸣。

现在看来，这种一层设一处集中的公共区域，所有住户共享水槽、厕所和浴室的平面组织方式，可能首先出于节省面积、尽量解决更多户居住的需求，同时也非常有现代主义"灰空间"的意味。共用的浣洗台，确实成了一层住户们边洗衣边家长里短聊天的地方。邻居帅叔叔新交了女朋友之类的情况，都是第一时间在洗衣台获得。但事实上，记忆中更多的是一些不太美好的情况。比如无人维护打扫的厕所是又臭又滑，常常还有不冲水就撒的邻居，晚上不小心在厕所里跌一跤，简直就是童年噩梦；又比如洗衣台的水龙头，慢慢地一个个都上起了锁，据说不知谁总是偷用别人家的自来水。总之，即便是在社会主义新中国的工人新村，维护公共区域的卫生和秩序，全靠自觉这件事也没能行得通。至少我们 4 楼一层，基本是靠人望俱佳的劳模奶奶马师傅。现在还记得她拿着竹编扫帚一边唰唰刷洗地、一边忍不住大声斥骂的光景。

类似的情况，也出现在比工人新村稍晚一些建造的新村房里。比如外婆家所在的新村，虽然不再设置公用区，但一层一条楼道直通到底，南面隔开全是一间间卧室、北面隔开全是厨房厕所的布局，还是没有考虑到邻里之间的相互干扰。不仅每间房间都要上锁，晚上穿睡衣去个厕所也有可能偶遇邻居，因此产生的邻里矛盾也是十分复杂。

当然相比于其他一家三口挤在一间、住老木板房的同学们，似乎条件还算不错了。我想自己后来选择从事建筑历史和遗产保护相关的工作，可能也与小时候没有挤在老房子，经受夜里蛇虫鼠蚁为伴、雨天湿衣漏水的日常有关。念小学时，钻个老街巷、进老房子"探险"，是放学回家前必须的秘密活动。还记得高银巷转折处那口拥有各种恐怖故事的老井、小朱同学家大井巷老房子里，闪烁柔和光泽的铺地青砖、漏过花窗插入室内的光束以及太窄太陡"嘎吱嘎吱"上得去下不来的楼梯。当然，还有父亲张口闭口总爱提到的老宅——林司后60号，厚重到开闭时一定巨响的"防盗"木板门、厨房能偶遇偷吃的狐狸大仙、端坐望云思考有没有孙悟空的院子，还有屋顶上阿太种的大南瓜等，都让这些住户看来问题很多的老房子，成了我记忆中的宝库。现代主义灰空间的经典建筑设计，反而成了童年噩梦。

改造·改造·还是改造

对周围发生较大变化的记忆，大约开始于1980年代末的旧城改造。因为父亲所在单位直接参与了旧城改造的这层关系，对动迁安置的复杂和困难有比较深刻的印象。记得单位还专门组织去天津学习经验，但父亲回来后的第一感想是：北方人民真是听话，完全没有"钉子户"啊，怎么学。现在想来，江南一带对于私人权益维护的自觉性，扎根并来源于宋代以来发达的市场经济传统，一刀切式的思路总是会遇到这样那样的问题。但不管怎样，在经历拆迁户争取更好条件和更多面积的拉锯扯皮后，大家都还是欢欢喜喜地搬入新居，毕竟居住条件有了大的改善。

当时规划建设的居住区，居住区——小区——组团三级清晰的结构，组团内建筑采用行列式布局，分期建设并配套相应的绿地公园和公共设施，可谓是非常经典理想的教科书式样。这可能得益于当时的住宅区规划和开发，都以政府直属开发公司为主，土地直接划拨，不需要考虑太多经济收益。但是，开放均一的建筑布局，却使平日里习惯了穿街拐巷的我，完全找不到北。一排排长得全是一模一样的房子，怎么都找不到父亲现场办公室那栋，迷路了。直到后来学了建筑，掌握了布局规律和编号原则后，才消除了对大型住宅区的恐惧感。我想自己当时迷路崩溃的心情，依然可以与刚进城送快递、在密集成片的老小区里找不到门牌的小哥们分享吧。当然在这些均一类同的小区里居住久了，也

居住小区总平面 小区外观

还是能慢慢找到一些用来判断方位的标识。比如这家车棚的拐角处破墙开出了一家小店，那家的阳台上新做了一个亮眼的雨棚等。

后来，也是因为父亲工作单位改善职工住房条件，搬入了离家不远的新小区，从1990年代开始一直住到出国留学前。这个小区的建筑大多是一栋4个单元，一梯2户或3户，没有了公用区。家里是比较标准的三室一厅，厅偏小、房间比较大，收房时配有储藏柜。由于建造采用了新标准，2.7米的层高比工人新村低很多，使母亲在好长一段时间内表示透不过气。入住前也想做些调整，但考虑到房屋是砖混结构，敲墙容易影响结构稳定，所以最后只去除了进门的储藏柜隔墙，让门厅看起来宽敞了一些。但其他住户并没那么多顾虑，往往敲墙改线，动作很大。我家还因楼上改动了厕所位置漏过水。直到最近才有装修改动结构需向物管报备的程序，使类似问题产生的纠纷有所减少。这种修改布局、争取面积的思路，一则是因为户型存在不甚合理的部分；另一个原因可能与住房条件改善前人均居住面积太小，大家已经习惯于开动脑筋、通过自行搭建争取更多的空间。

家住上海的好友，回忆了儿时的居住环境，其中贯穿了其父改造空间的各

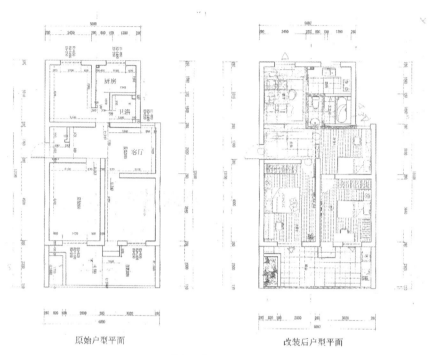

原始户型平面　　　　　　　改装后户型平面

原始与改装后的户型平面

种努力。最早家住城隍庙边上的石库门，二楼1间大约10平方米的卧室，一楼有3家公用的灶披间、客堂间和晒台，比较局促。于是她父亲就利用石库门楼层高的特点（最高处有5.3米），自行搭建了阁楼，并开了4扇老虎天窗采光。搭建的阁楼放进大床、衣柜成为卧室，阁楼下放沙发作会客室，条件好了不少。友人出生后不久，得以搬入2室的新公房，有了独立的厨卫。但对着进门有一条联系所有房间的过道，仍觉得可以利用。于是其父就把联系卧室的过道部分当成厅堂间，联系并分割厨卫的部分，打上吊顶壁橱，死角摆个洗衣机什么的用起来。同楼还有把阳台封起来改成书房的，两端配上书桌、打好壁橱，中间再架晾衣竿，就是后来1990年代最流行的改造法了。

　　这种自行改造住宅的热情和执着一直持续，即便住房面积已经十分宽裕。2000年后曾参与亲戚家联排别墅的装修，设计做了也没用，还是眼睁睁看着房子一步步被改造得面目全非。按理说建筑面积250平方米，另带露台和半地下车库的房子，对一家三口来说是极其宽裕了。但还是忍不住要把半地下的车库封起来，露台上搭个阳光房包起来，最后把门前挺好的开放草坪也圈起来，围上密实砖墙，砌起正方的大门头，这样才觉得没有吃亏了。从专业的角度刻薄形容，就是别墅爆改农民房。这个经历也让我开始怀疑设计师带有美好愿景的设计，到底算什么？

合理主义的居住

赴日留学可以算是一个人生的转折点，好像一个习惯了散养的小鸡，忽然被关进了自动化圈养的鸡舍。一则需要有意识地学习礼仪和规矩，在行为和语言上不断被规训以适应社会；二则是在更多样丰富和精细化的可选项面前，一度膨胀的物欲反而泯灭，开始思考什么才是最适合自己的。居住也是其中一个部分。

还记得结束1年的宿舍生活后，在同研日本同学的帮助下寻找住处的过程。虽然受过5年建筑学的训练，但一到找房完全茫然。所以基本就靠同学带跑，也因此见识了日本人合理主义的选房思路。首先根据月收入决定租房预算，然后对比地区平均月租、交通往返时间和花费，最终圈定一个可接受的空间范围。划定范围后，再按地区查看物件清单，比较具体条件进行挑选。由于我外国人的身份，可选的并不多，因为好多房东拒绝租房给外国人。所以在我将安全列为最优先选项，列出包括1990年代后建成（有防震标准）、女生限定（最好房东住在附近）、离地铁站步行15分钟（夜行安全）等条件后，迅速锁定了地铁千代田线町屋站附近的一个物业，然后通过中介预约房东看房。去看房时的心情，有一点儿像去面试，毕竟外国人找房不容易。房东在请我坐下来简单核对个人信息后，就带我上楼去看房。估摸当时他看了我名牌大学介绍、长得又比较温顺，觉得是个可靠的住客，就开始殷勤地推销自己的物业，列举各种想到没想到的优点，还额外提供了另一可选的房间。看完拍照回家认真考虑后，择日再与房东联系签订租约。

小楼一层沿街开了照相馆，背街是住户入口也连接房东的厨房餐厅和会客间。二层到四层出租，每层2套单人间，五层到六层是房东自住，还有顶层晒台放置洗衣机。入住房间的结构和布置，与日本一般的单人住房并没有太大不同，甚至可以说是标准化的。开门先是脱鞋的玄关，进而是过厅。过厅的一侧装配厨房用的洗池和灶台，一侧开门联系一体化的卫浴间，中间还有安放冰箱和杂

 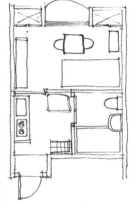

日本房东家外观（白色6层铅笔楼）　　　　　　　　租住的1K平面

物架的空位。从过厅再向里走是主体大房间，带有两个入墙壁橱，足够容纳个人所需的单人床、桌椅和书架等。一般来说，日本的出租房不带家具电器，全需住户自行购置，搬离时也要求一并清空才能交房。但这回房东特别拿出了以前租客拜托他清理、仍很好用的电器给我。冰箱、微波炉、烤箱、电饭煲全部配齐，省下一大笔入住金。住久了才知道，房东爷爷是从长冈上京。全凭自己的照相手艺和善于经营，才积累了翻建楼房的经费，所以会舍不得扔掉还能用的好东西，于是惠及我这样的短期住户。由于进出有单独入口，平时不怎么容易遇到房东。房东也有意识地避开住户活动，以免造成干扰。只有周末上晒台洗衣服时，才会遇到正在晒洗的房东奶奶或者整料理屋顶盆栽蔬菜的房东爷爷。邻居也只是在我洗衣忘了晾晒的时候，才会来敲个门。正是这种互相懂得避讳的生活方式和相应的空间设置，使得我的岛国寄居生活既清静独立也有人情味。

　　当然对于居室本体，最有感受的莫过于一体化预制装配的卫生间。好处太多，其中一项最主要的是方便打扫。因为预制可以保证所有管线预埋，使得卫生间基本无死角；同时预制成品的材料，通常经过精心挑选，不易积垢、接缝少、密闭性也好。卫生间的轻松打扫，是有利于维系居室整体卫生状况的一个重要指标。同时，也因卫生间里有方便定温保温的浴缸，使我养成了洗完澡后，进浴缸泡澡的习惯。尤其是冬天，泡澡泡到血液流畅、手脚温暖后进被窝，无比舒畅。一旦体会到这样的好处、养成了维系清洁卫生间的习惯，回国后就再也无法忍受家里窄小、局促且布置不合理的卫生间，以至于最后下决心重新装修了父母家。

当然，日本家庭用的卫生间会更加讲究。通常厕所单设，不与洗脸盆和浴室一体。原因一是如厕时气味很大，二是可以避免使用时的相互干扰。浴室与洗脸盆也通常是干湿分离。洗脸盆一般安放在浴室外不走水的过厅，通常还留有存放干毛巾和洗衣框的空间。浴室也与一般常见在浴缸上方架设淋蓬头的方式不同，是单设浴缸及进出水口，并在距离浴缸一人宽的位置再设一处洗澡用的淋蓬头和出入水口。原因是浴缸里泡澡的热水，由全家共享反复利用，所以每个人进缸前必须洗净全身。为了防止洗澡水溅入浴缸，通常浴缸还有浴缸盖。最后一个泡澡的人，在日本通常是孩子的妈妈，还得放水顺便将浴缸擦洗干净。

形成对比的是，身边许多装修时安装了浴缸的家庭，初衷可能只是觉得时髦，并不是从自己的生活习惯出发。所以往往因为浪费水、不常使用或者不方便清扫等原因，使其成了积灰纳垢占地方的无用之物。父母家装修时，也曾因要不要浴缸这件事有过意见分歧。好在 5 年的建筑学专业训练不是白受的，一番设计调整和解释后，父母还是同意了我的方案。由于可用于卫生间布置的面积相对小，所以无法单设厕所。最后是将马桶与洗脸盆同区布置于浴室外侧，浴室内则完全采用了日本式的布置。好在配合的水电工，脑子比较灵活，虽然强烈表示这种做法不太寻常，但还是迅速调整了管线布置方案，实现了设计意图。当然完成装修后的效果很理想，不仅父亲也和我一样爱上了泡澡，曾强烈反对的母亲也发现其实养成好的使用习惯，清扫也并不麻烦。

这样的经历使我反思：对于居住，可能并非像传统建筑学认为的那样，是靠建筑师或设计师一厢情愿的设计来营造，反而正相反。是节制的生活态度和良好的生活习惯，培育了良好的居住空间。只有建立了良好的居住方式，更为细致和具备可选性的好设计，才有其出现和存活的土壤。

住房最怕搞装修

回国工作后，恰逢举国进入房价高涨、买房难的时期，到哪里都是焦虑。好在受了合理主义的长期熏陶，一想到买房会直接影响日常生活水平就完全不想买，也就超脱其外。即便到了婚后，还有很长一段时间租住工作单位的教师公寓。教师公寓主要是老员工购买新房后，腾退出来的老单元房。学校重新装修配备家具后，按照面积大小对应教师职称级别，出租给教师解决住房过渡等困难。通过教师公寓的网络服务平台，可以非常方便地查看相应级别的房源，按需预约看房，再排队选房。由于平台资源公开、流程一目了然，所以租房选房没有经历任何波折。还记得预约看房时，管理阿姨还不忘介绍，你看这间阳台上看得到西湖边的保俶塔哦。二室二厅、家电齐备、还附赠保俶塔风景的公寓房，完全满足生活所需。如果不是后来学校出售人才保障房，可能现在还住在那里。

出售人才房属于学校的"1250安居工程"，意思是在"十二五"期间"建设可出售的人才房和不出售的教师公寓合计约50万平方米，解决2004年后入校教职工住房问题，为支撑人才强校战略提供持续强有力的后勤保障"。第一批建成出售的人才房都是小高层，15层到24层不等。一栋4到6个单元，每单元2梯2户，户建筑面积从100～160平方米不等。人才房申购也跟租住教师公寓差不多，先按职称分个等级，同等级的按照入校服务时间、双职工家庭等记分排队。申购时也没有什么太大的选择余地，户型面积都是按级别定好了，排队轮到自己时，只有靠大马路那栋还是靠附属小学那栋、高层还是低层这样的选项。最后考虑高层共振噪声比较严重，低层可以在屋内感受到环境绿化，所以选了低层。从面积来看，住房条件有了非常大的提升，但如果一并考虑支出贷款的经济负担、选择性极小以及目前并不需要那么大的房子、搞装修也费钱、日常扫除更费劲等个人主观因素，反而会怀念打包入住的公寓房生活。

由于新房不带内装，所以入住之前还得再搞装修。当然好处是大部分设计不足，都可以通过二次装修来解决。麻烦之处是由于个人住房单体装修总额很小，从业的设计师和施工队往往是业界最底层。不仅设计师只懂拷贝别套图，施工质量也往往不如人意。父母家装修时，就前后经历了例如设计师出图、不反映讨论决定的方案、施工队不看图纸任意发挥管线埋错，或者工人为了省工临时要求改方案等问题。而且即便是装修公司签约，施工期间的监管也不到位，全得靠住户自己时不时去检查进度、确认是否按照方案实施。当时如果不是父亲及时发现管线排错、要求返工，很难想象最后收房时会闹出什么状况。

当然如果非要提一条对现有住宅建筑设计的意见，就是比较难通过后期调

人才房外观　　　　　　　人才房宣传册的购房平面

整加以改善的地方——存储空间预设不足。卧室的大小总是放不进 2 个以上的衣柜，也没有单设的储藏间，"住着住着东西就满出来"。再加收纳柜又会使房间更加局促，总有一种房子还不够大的感觉。相比在日居住时，一人间配 2 个入壁大衣柜的设置来看，目前的住宅设计对存储空间的考虑和设置是非常不够的。所以当我再次面临人才房装修，最大的苦恼是如何找出合理位置布置储藏间。牺牲一个卫生间改成储藏是比较简单的处理，但因此剩下一间必须共用的卫生间又嫌小。真是烦恼，还得做几轮方案推敲推敲，还需再学习看看有没有其他更合理安排收纳的窍门。这种入住新居必须设计调整和装修的麻烦，以及与装修公司斗智斗勇那种额外的精力支出，每每让我怀念起当年在日本居住时的便利，包括其他事无巨细纷纷考虑周全的配套产品。这也同时折射出我国住宅建筑产业发展，在精细化、成品化方面缺乏考虑，还存有很大的可提升空间。

总结和期许

　　比较父辈，出生于 1980 年代初的我，虽然也经历了计划经济配给、喝个牛奶都要奶票的物资缺乏时代，但总体还是幸运的。求学的过程，既抓住了公费的尾巴，一路以来没有因为家庭条件受到限制和影响，同时也享受了向应届毕业生开放日本大使馆公派留学申请的第一桶金，打开了视野；居住的经历，既有儿时在老城里穿街走巷的回忆，又有社会主义新居"工人新村"的灰空间实感，还目睹了20世纪90年代以来快速的城市现代化改造和扩张，以及房价的飙升。虽然变化之快常常带来倒逼改变的不适，但因此积累的多样生活体验，为专业上的学习、工作和思考提供了宝贵的参照。因此能够更为客观地评估当前的状况，敏感地察觉变化的方向。

眼看城市结束了"摊大饼"式的粗放发展期，以往靠卖地维持的地方城市公共财源也因房价飙升导致严重的社会不公，显得不可持续。如何利用有限资源创造更好的城市生活，成了新时代不得不思考的首要问题。而居住作为构成城市最基础的一部分，更是值得多方面重审和反思的对象。从建筑专业研究者的角度，回顾自身的住居经历，在感叹住房条件大幅提升的同时，也产生了以下几点主要的思考。首先，提升居住的质量，除建筑师或设计师惯用的空间营造手段外，更为本质的是塑造良好的生活习惯、培养节制和可持续的生活态度。第二，住宅建筑产业精细化、成品化，只有在广泛建立了良好居住方式的背景下，才有存活和发展的空间。住宅建筑平面设计中，细化考虑储藏空间、卫生间等直接关乎生活质量和清洁度的方面，会是迈出精细化的第一步。有生之年，如果还有下一次改善住房的机会，希望不要再因装修而平添烦恼。（2019年7月9日完稿于韩国首尔大学建筑史研究室）

难舍故土桑梓情

高 磊

我来自白山黑水，阔别家乡已久，忙碌的生活让人心都变得麻木起来，平素并不觉得如何思乡，但每次回到天高地阔的大东北，还是能感受到"悠悠天宇旷，切切故乡情"。在这片黑土地上，有三所城市在我的心中烙下了不可磨灭的印记。

白城

我出生在吉林省白城市，在那儿生活了八年，儿时光阴早已远去，但出乎我意料的是，提笔之际，仍有一些景象跃然于脑海中：儿时嬉戏的鹤塔，劳动公园的金鱼湖，曾经住过的小平房，离开白城前住的一楼……

白城，位于吉林省西北部，松嫩平原西部，科尔沁草原东部，自然资源丰富，历史悠久，早在旧石器时代晚期就已有人类生活的痕迹。良好的自然环境为少数民族的繁衍生息提供了生存的基本条件，东胡、鲜卑、扶余、契丹、女真、蒙古等多民族都曾在此生存繁衍，白城曾是辽代东北路的政治、军事、经济、文化中心，具有独特的草原文化和湿地文化。

草原和湿地，是白城的重要环境资源，也成就了白城丹顶鹤之乡的美名——"湿地风光、鹤乡白城"。由丹顶鹤衍生而来的、历史悠久的鹤文化，自然成为白城的城市建设主旋律。鹤文化内涵丰富，在中华民族的文化观和价值观中有着独特的地位，寓意深刻，是祥瑞、康健、忠义、高洁的象征。白城的建筑造型充分体现了鹤文化的深入人心，我幼时印象最深的鹤塔就是白城的标志性建筑。鹤塔是1984年7月为了庆祝中华人民共和国成立三十五周年修建的城市标志，是当时白城市民最常去的休闲之地，也是我当时最爱的游戏玩耍之地。夏日的夜晚，孩子们绕着鹤塔欢快地奔跑；大人一边看着孩子，一边乘凉聊天。这一场景，想必占据了无数白城人的回忆。

　　小时候我心中的另一玩耍圣地就是劳动公园，当时是白城市唯一的休闲公园，每次去都是人山人海。公园的年纪和我的父辈相当，我最爱的金鱼湖据闻是五十年代白城人民用双手挖出来的，湖的形状看起来像一条金鱼，故名金鱼湖。

金鱼湖畔

金鱼湖边的小假山

　　当时还没有实行双休日制度，每次周日去金鱼湖划船都让我兴奋不已。每到六一儿童节，必选节目就是去劳动公园，我从早到晚坐在老爸肩头游园，让长跑运动员出身的老爸都大呼吃力。童年游湖的美好回忆，让我对划船有一种情怀和念想，如今，我和先生也常常带着孩子们划船。对我而言，童年时光已经一去不返，唯有当时的无忧无虑定格在回忆中，永不褪色。

　　我小时候有记忆的第一个居所，是一排排的小平房，大家都称其为"五栋房"，是老白城地区建筑公司的家属区。每家都有一个小院，木栅栏隔出每家每户，由于是家属区，邻居们互相都认识，充满了浓浓的人情味儿。时至今日，温馨的场景仍历历在目，邻居奶奶插在小院窗户上红红的糖葫芦，跟着老妈去热气腾腾的水房热饭，坐在老妈自行车上看着大家聊得热火朝天……不知哪年，白城市发了一场大水，那天下着瓢泼大雨，父母都不在，只有我和比我大十一岁的小叔叔。由于地势低洼，平房进了很多水，我吓得躲在炕上嚎啕大哭。当时还在上中学的小叔叔穿着雨衣雨鞋，一边拼命往外淘水，一边安慰我。后来，我们避居单位统一安排的招待所，待大水过后，家人领着我回了一次"五栋房"，街边、路上遍布着污物和死老鼠。

泛舟金鱼湖上

再后来，我们就搬到了楼房，一间带有地下室的一楼。搬到楼房觉得很新奇，一进门就是我们一家三口住的房间，算是客厅和主卧的集合体；上几个台阶，是小叔叔的房间；还有一个小小的卫生间。当时的东北，远比现在要冷，一到冬天，卫生间的窗户就呼呼地刮进来冷风，冻得人直打哆嗦，妈妈用我小时候穿过的、东北特有的连体大棉裤堵住了卫生间的窗户。刚上一年级的时候，我有一次考试马失前蹄，排名不佳，一个人躲在卫生间里待了好久，出来的时候，脚都冻得没有知觉了。从连通几个房间的小台阶下来，就是一个长长弯弯的三角楼梯，通往地下室。在小小的我心中，地下室面积很大，功能很多，既是厨房和餐厅，也是储藏室，还可以算作我的一个游戏区。大人不在的时候，我总觉得黝黑的地下室像张着大嘴的怪兽，不敢独自下去；有人在楼下的时候就不一样了，我喜欢走三角楼梯角度最小的那一边下楼，尽管曾经从上面摔落，磕得鼻青脸肿，也乐此不疲。那个年代好像有很多老鼠，地下室里时常会有大老鼠，每次发现，就需要老爸出场。由于父母的工作调动，我们没在这所房子住多久，就举家搬离了这个城市。

一楼主卧室一角　　　　　　　　　　　　一楼主卧室兼有客厅功能

之后，我再未曾真正故地重游过，虽然从家人口中知晓白城已经发生了翻天覆地的变化，但对我而言，白城就是活在我心中的旧时样子。洁白美丽的鹤塔，波光粼粼的金鱼湖，每天都要路过的铁轨，遍布全城的宣传标识"贪污浪费是犯罪"，地委大院里郁郁葱葱的树木和掩映其中的小楼，老剧院门口大台阶下的猴戏，马路上偶尔出现的惊马……一切都同往日一般，别无二致。

松原

离开了白城，好像切断了我的童年，到了松原之后的记忆总是断断续续。浩浩荡荡的车队，摇摇晃晃地开了许久，进入当时还不叫松原的小小县城。彼时，松原还并未建市，吉林省委、省政府从建立吉林省第二个石油化工城、建立吉林省中西部中心城市的设想出发，在松原地区建立前扶开发建设办公室，后又建立前扶经济开发管理区。1992年，国务院才正式批准设立松原市。为了助力松原建市，吉林省委、省政府从老白城地区抽调了大量干部，至今松原市还有许多老白城人。

虽然松原市龄不长，却有着辉煌的历史和灿烂的文化，它是中国东北第一个少数民族政权国家、北疆文化开创者——扶余国所在地；也是"海东盛国"

渤海国的故里。孙中山先生在著名的《建国方略》中，曾构想在松嫩两江交汇处设立一个"东镇"，作为东北枢纽城和水陆交通之要地，东镇就是今日的松原。松原是吉林省有名的"粮仓、林海、肉库、鱼乡、油田"，是块土肥水美之地。"松"，意指以松花江为首的江河湖沼；"原"，意指广袤的平原、辽阔的草原、丰富的资源。松原位于吉林省中西部，松嫩平原南端，江河纵横，泡沼繁多，尤以三江一河一湖闻名。三江，指的是松花江、嫩江、第二松花江；一河是拉林河；一湖指的是查干湖。松花江，满族人称其为"松阿里乌拉"，其意为天河，由此可知松花江在满族人心中的崇高地位。松花江源自朝鲜族人的圣山——长白山的天池，是吉林省境内的第一大江。嫩江，源自大兴安岭伊勒呼里山，从一望无际的草原和沼泽中蜿蜒穿流，像一条玉带嵌在东北大地上。拉林河，是松花江大支流，也是松花江干流源头之一。查干湖，蒙语为"查干淖尔"，意思是白色圣洁的湖，是辽、金、元等朝代的帝王渔猎游玩的巡幸之地，是吉林省境内最大的天然湖泊，也是全国十大淡水湖之一。以查干湖冬捕为标志的渔猎文化，早在辽金时代就已极负盛名。

作为满蒙文化的发祥地之一，草原、渔猎、农耕文化交融在这片古老而又年轻的土地上，既影响着松原人民的生活，也影响着其城市风貌和人居环境。记得刚刚搬到这里时，当地一部分民居平房的形式让我十分震惊。由于反复填土，窗户与外面的地基本是持平的，门内地面极高，当地小小的我站在外面往里看，感觉室内的空间极为狭小，样式非常怪异，后来听说当地人戏称这种房子为"猪上房"。随着城市建设的发展，这种奇特的"猪上房"民居逐渐消失了。与白城市相比，这座小城带着更为浓郁的少数民族特色。县城里的店铺招牌都是汉文与蒙文对照的，蒙古族幼儿园、小学、中学都在县城的中心位置。当时最好的两所小学，一所是蒙古族小学，一所是我就读的实验小学。那会儿的松原，城市建设水平不高，无法与白城这种老牌地级市相比，实验小学作为最好的学校之一，只是一个有着一大排小平房的大院子，我走到小平房前扭头就跑，一边跑一边喊我不要在这儿读书，被老爸反应迅速地拎了回来，当时心中是无比沮丧的。后来，小学的操场铺设越来越好，活动器械越来越丰富，教室也从小平房变成了大高楼。

刚到松原的时候，我们住在前郭炼油厂的一栋小楼里，楼前就是宽阔的草地，

夏天时常能听到蛙鸣，还有很多狗尾巴草。由于炼油厂处于当时的城郊，工作
和学习的地方在城中心，我们每天都要乘坐班车往返。有一次，我不知怎么没
赶上班车，跟着一起落难的几个小伙伴从学校一路走回了炼油厂，刚开始走的
时候，途经的是城区的街道和民房，后来发现路边都是农田和野草，越走越荒凉，
终于忍不住哭了起来，哭哭啼啼走了好几里地，快到地方的时候，发现我们没
跟着班车回来的大人们找了过来，那颗悬着的心才终于落了地。后来回忆起来，
已经不记得那种迷失的惶恐，只剩下可以从这么远的地方走路回家的自豪了。
我家住在二层，好像是两室一厅的房子，楼道里有垃圾通道，每层都留了用方
方正正带把手的铁门盖住的收集口，我去倒垃圾的时候曾不小心把家里的小铁
锹扔了下去，家里人去一楼的垃圾箱掏了好久才拿出来。一进门是个阴暗狭长
的玄关，我曾经在这个黑黑的玄关被老爸的绘图板砸过脚，把冬天穿的厚棉鞋
砸出来一个大洞，说来奇怪，鞋破成那个样子，我的脚却安然无事。过了玄关，
就是主卧，主卧有一张白色的大铁床，一到下午，阳光充足，我那时最大的乐
趣就是晒着阳光、靠着铁床的床头，一动不动地站那儿看一下午的书。可能就
是因为这场景挥之不去，我一直都很爱在阳光充足的下午，拿本心怡的书默默
翻看。从这时开始，我有了自己的卧室，因为胆子小，我并不欢迎这种变化。
万能的老爸花费了两个星期日，做出了为我定制的小床，为了防止我摔坏，专
门把床的高度降低了一些。我不得不克服独自一人睡觉的恐惧，每晚都要用被
子把头蒙起来才能入睡，还有连人带被摔到地上睡到早晨的经历。那时候，爸
爸妈妈工作都很忙，几乎不休息。有一次，学校要求写春游日记，老爸特意找
了个天气好的周日休息，带着我去春游。他用自行车驮着我去城外，找到了一
处草长得非常茂盛的地方，疯跑了一会儿，他就带着我捉青蛙，很快捉到了一
只，他用长长的草梗编了一个小笼子，编笼子的时候让我看守俘虏，我不敢碰
青蛙，一边尖叫，一边控制着青蛙，老爸在我身后编着草笼子笑我胆小。回去后，
我写了一篇长长的日记，生动极了，老师说是范本，让我在全班同学面前朗读。
现在，要寻找儿时那种人迹罕至、浑然天成的郊野，已经非常困难了。这栋房
子是支援城市建设者的临时住所，过了一段时间，我们解决了短期的住房问题，
搬到了小城的中心，离我的学校很近，走路十几分钟的样子。是紧邻露天体育
场的一栋楼房，我家是四楼，三室两厅，我的卧室是长方形的，很深，进去后

是书桌，再往里走是我的床。我太胆小，每次要睡觉时得先关灯再往床上跑，总会抱怨房间太深。后来，老爸出差时给我买了一个遥控器，我可以踏踏实实躺好了再关灯。每天早晨，都会被体育场的晨练喇叭吵醒，再听着音乐继续入睡，直到老妈拎着锅铲站在房间门口叫我起床。我和爸爸妈妈，还有我最敬爱的姥爷，在这所房子里一起过了很多年，这是我住过最久的房子，也是我曾经拥有过的最温暖的避风港。

在松原扎根后，爸爸把爷爷奶奶也接到了这座城市。刚来的时候，他们住在一个朋友的老房子里，是一个有大院子的平房，我很喜欢那里。院子很大，有葡萄架、菜园，还有小孩子都喜欢的水井。奶奶种了很多的菜，我只记得旱黄瓜、西红柿，摘下来用水井压出来的水洗洗，鲜嫩欲滴，咬一口特别甘甜。夏天，在葡萄架下面乘凉、攀爬，等葡萄半熟的时候，就偷偷捏下来，酸得龇牙咧嘴。冬天，有时会从奶奶家去上学，路上结了很多冰，一大群孩子一路打着"出溜滑"就到了学校，开心又省力。如今，祖辈们都已故去，留给我的，是满心的怅然和回忆。

爷爷奶奶来到松原的第一个家

十一二岁的时候，我对这块土地的满蒙文化产生了兴趣，家人决定带我去塔虎城遗址转转。塔虎城是一处辽代古城遗址，是吉林省境内保存比较完好的辽金古城遗址之一。当时的公路没那么平整，车速也不快，在我的印象中开了好久才到。还没下车，就远远看到了塔虎城，一望无际的平原上，一座残缺的土城孤独地立在那里，杂草丛生，看上去无比荒凉。塔虎，是蒙语"胖头鱼"的意思，因其周围的湖泡中盛产胖头鱼而得名。这儿曾是辽国皇帝的行宫，是皇帝春行打猎驻足的地方，也曾是佛教圣地和贸易中心，出土了很多唐代至辽代的文物。可惜，昔日辉煌已经远去，除了西门保存较好的半圆形瓮城，四面城墙、角楼、四门都已不复存在。但站在残存的瓮城前，还是不由自主开始畅想辽金铁骑的英姿，感受孤垒荒凉、雄风拂槛。

塔虎城遗址留影

如今，松原的城市面貌发生了翻天覆地的变化，我每次回去，都像一个初到此地的游人，茫然不辨东西，三座松花江大桥、成吉思汗郊野公园、伯都讷广场、查干湖机场……传统与现代，探索与传承，厚重与时尚，在这座城市里交融、辉映。满蒙文化深深烙印在这座城市的脉搏里，改革与发展牢牢地把握住城市的律动。焕然一新的松原，还在不断变化和成长。

哈尔滨

哈尔滨在我的生命中占据了很重要的位置，我最好的年华都在此度过。这座极具欧陆风情的城市，可以说是我的第二故乡。

哈尔滨这颗松花江畔的明珠，是黑龙江省的省会，素有东方小巴黎之称。我第一次遇见她，就被她的魅力吸引。在二十年前很多城市都是千城一面的时候，哈尔滨别具一格，充满异域风情。据称，"哈尔滨"在满语中意为"晒渔网的场子"，很久以前，哈尔滨只是松花江畔的小渔村。清朝中后期，大量满汉百姓移居至此；19 世纪末，哈尔滨已有村屯数十个，居民数万人。20 世纪初，哈尔滨已经初具近代城市的雏形，成为国际性商埠，大量的外国移民涌入哈尔滨，尤以俄罗斯人居多。这也导致了哈尔滨城市建筑的多元化，留存至今有大量的欧式建筑。后来进行城市建设的时候，哈尔滨也保证了城市风貌的协调一致，随处可见的各式教堂、俄式老房子，汇集了各种欧式建筑的中央大街，就连新建的楼房也比其他的北方城市多了几许欧式古典精致的韵味。

哈尔滨工业大学建筑馆鸟瞰（张宇明摄）

最先给我留下深刻印象的建筑，应该是我们学校的老建筑馆——土木楼。土木楼被西大直街、公司街、联发街和海城街环抱，最早的后楼始建于 1906 年，是哈尔滨工业大学 1920 年建校时的校址；1953 年，紧临西大直街建起了一座欧式风格的五层楼，即当时哈尔滨工业大学的主楼，其一、二层与后楼相连。哈尔滨工业大学的校史馆也在其中，离开学校的时候，我们特意去校史馆转了转作为告别。在哈尔滨市人民政府公布的历史建筑保护牌上，这栋建筑的风格被定义为折中主义。闭上眼睛，繁复的木门、雕花的外柱、狭长的窗户、楼内常常让我迷失的木质楼梯、又高又深的礼堂，一一浮现在我的眼前。这栋建筑，当时很是让我惊叹，也让我对哈尔滨城市风貌有了粗浅的认知。土木楼的礼堂常常播放电影，记得有一次播了一部灵异影片，散场后，这栋建筑的厚重历史感极大加深了我的惊恐感受。

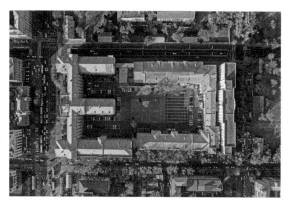

土木楼俯瞰（张宇明摄）

土木楼（张宇明摄）

我们专业生活和学习都在新校区，新校区是80年代开始建设的，比较新，有一部分建筑还保留了俄式建筑的一些特点，却没有老建筑那种特殊的韵味。宿舍楼给我的感觉像罐头盒子，方方正正，毫不花哨，我们就像做好的沙丁鱼，被整整齐齐码在了里面。当时，我们的宿舍还很新，条件也很好，我很幸运被分配到了阳面的宿舍。对面是一栋有些年头的圈楼，是另外的女生宿舍，两栋楼中间是浅浅的草皮，在寝室里能看到对面宿舍楼水房里的女孩子们，也能看到在两栋楼的空地上看书或者谈天的学生。出了宿舍楼，就是露天的球类场地，东北天亮得早，不到六点就能听到球场砰砰的拍球声。在"非典"的特殊时期，校园全部封闭，学校特别鼓励学生进行户外运动，恰逢我们毕业设计接近尾声，每天早晨起来先去打网球，随后回寝室画图，午饭后看书或者午睡，到了晚上，打排球、羽毛球，偶尔还去打篮球、跑步、踢毽子，一直玩到宿管大叔出来喊我们回去睡觉。还赶上过一次全校停电，特殊时期不允许挤在密闭空间里，几乎全校的人都待在户外，校园里站满了人，无比壮观。我们这所典型的理工科学校，无论食堂还是宿舍，名字都很直白，一食堂、二食堂、新食堂、一舍、二舍、三舍、四舍……刚离开哈尔滨的时候，曾经回学校开过一次学术交流会，发现食堂全都改名了，变成了很雅致的名字，可惜，我们这些待久了的老骨头，压根儿记不住新名。新校区的主楼是在我读硕士的时候盖起来的，拆掉了以前用的几栋小型教学楼，建了这栋极其庞大的苏俄式建筑，左右对称，平面规矩，冷峻单调。说起来，跟主校区的主楼和土木楼相比，这栋具有很强压迫感、让我一看心里就发凉的建筑，并不讨人喜欢。与我们关系紧密的还有图书馆，图书馆是玻璃天棚，天气好的冬日，站在里面晒着暖暖的阳光，拿着一本书慢慢看，心情也是暖暖的。雨天和春季的雪天，天棚偶尔会漏水，这时，人的心也跟着阴郁起来。

　　主校区巍峨的主楼、好吃的食堂，无论哪个校区都是清早就大排长队的图书馆，混杂各种味道的实验室，每天晚上学院大楼各个办公室的灯光，晨读声琅琅的小树林，学校西门的热闹夜市，朦胧的路灯映射下飘着雪花的冬日校园……这是我心中的母校，有看不够的风景、望不尽的回忆，有我人生中最美好的时光。

校园雪景（张宇明摄）

　　到了哈尔滨，哈尔滨第一街——中央大街是一定要去的，中央大街北起防洪纪念塔、南至经纬街，全长 1450 米，是全国第一条商业步行街，也是亚洲最长的步行街。中央大街两侧，欧式、仿欧式建筑多达 70 余栋，汇聚了巴洛克、折中主义、新艺术运动等多种建筑风格，是哈尔滨建筑艺术精粹的集中体现。中央大街是由磨得锃亮的面包石组成的，在中央大街上漫步就像在进行轻柔的足底按摩。做着足底按摩，再买两根远近驰名的马迭尔冰棍，边走边吃，边走边看，高挑漂亮的哈尔滨姑娘，满眼浓郁的欧式风情，简直是一场无与伦比的视觉盛宴。走累了，就去品尝地道的俄式西餐，喝喝哈尔滨家家户户都会做的红菜汤，吃几口大列巴，尝尝面包酿出来的格瓦斯。要是赶上了哈尔滨全城狂欢的端午节，中央大街上接踵摩肩的人群、松花江上五彩斑斓的游船、江两岸卖力吆喝的商贩……人江相连的

晶莹剔透的冰灯（张宇明摄）

端午不夜天是冰城传统与现代完美融合的最好诠释。

　　虽然是冰城，这座城的冬天和夏天却都美得让人目眩。冬天的哈尔滨，是冰雪的世界，随便一栋建筑前，都有可能出现一座冰灯或雪雕。松花江冻得结结实实，大家在江面上放爬犁、坐冰车，冰雪大世界硕大无比的冰滑梯，学校里的溜冰场……这些对从南方来的同学有着致命的吸引力，他们本就比北方人耐寒，在冰雪中嬉戏的热情无与伦比。偶尔也会闹笑话，曾有同学满眼好奇地摸着冰灯，问我们这是什么胶水粘上去的，当时我就想起了每个80后的东北孩子都有过的痛苦经历——舌头粘在自行车把或者冰棍上。虽然同在东北，对于我这个超级怕冷的吉林人而言，哈尔滨冬天的风就像刀一样，去了一次冰雪大世界后，再也不敢尝试，真的能冻死寒鸦、冻掉下巴。夏天的哈尔滨，凉爽舒适，浪漫怡人，虽然偶有高温，早晚打开门窗却总是有舒服的穿堂风吹过。如果得闲，或去听一场已成为传统的"哈尔滨之夏"音乐会，或漫步在哈尔滨最负盛名的几条大街上，或去哈尔滨的标志性建筑——圣索菲亚教堂前，或在举国闻名的太阳岛上，感受哈尔滨的人文景观和夏日风情，是极大的奢侈和享受。

　　转眼间，到北京已近十年，可在这几个城市生活的点滴，我却不曾忘怀，无论我身在何处，都不会忘记这片黑土地，这儿是我的根与魂所系，是我魂牵梦萦的地方。

西部边陲城市变迁

——一个普通百姓的人居生活实录

黄亚琼

　　我是一名普通的中学老师,出生在祖国西北的一座边陲小镇。我的家乡——新疆奇台县,是古丝绸之路上的商贸重镇,素有"到了古城子,低头捡银子"的"金古城"的美称。儿时记忆中的奇台古城,就是一条大街走到头,满眼皆是土平房,东头喊一嗓子,西头都听得清楚。街道年久失修,大坑小坑密布。下雨天不能站旁边,一站溅一身泥。那时候县城绝大部分的人家都住自己盖的平房加一小院子。叫县城,也只不过是比乡村的居住人口更多一些,更集中一些罢了。

　　最早,我家住在城西的一个大院子里,院子里住七、八户人家。家家户户没有上下水,挑水要去另外的有水井的大院儿。厕所也是公用的旱厕,夏天熏死、冬天冻屁股。两间小平房,里屋睡人(一家四口挤在一个大炕上,土炕冬暖夏凉,现在倒是很怀念的),外屋做饭、待客。大院里的邻居们相处和睦,互帮互助,也是其乐融融。

　　后来,我父亲调动工作,我家搬出了大院,搬到了城郊的单位福利房,位置很是偏僻,周边都是庄稼地和城郊的农居。那时候连县城都不通公交车,我们全靠两条腿走路上下学,来回路上要花两个小时。新疆的春季和冬季,只要一下雨、一下雪,道路总会变得泥泞不堪,小时候都穿棉布鞋,那时候上下学走个来回,一整天鞋子都是湿嗒嗒的,很不舒服。唯一值得高兴的是,虽然搬过来以后还是住的平房,但是好在变成了砖混结构的两室两厅的平房,有了上下水,有了专门的小厨房。最妙的是有了自己独立的卧室,不用再一家四口挤在一间大炕上了。

记忆比较深刻的一件事情是，父亲的单位福利房占地面积比较大，空余的一块地方，父亲观察过后决定盖个厨房和餐厅，当然是土坯的。后来他和亲戚朋友们利用工余时间，断断续续两三个月，愣是盖出了两间厦间，紧靠着我家的外墙。厨房和餐厅盖好后，我很是为父亲骄傲了一段时间，觉得他无所不能。现在想来，应该是父亲想亲手为我们创造更好的生活条件，没有就自己动手做。新厨房里盘了新的灶头，还装备上了当时很时髦的液化气灶。那个时候，我已经上小学五六年级了，为了显示自己已经长大，在我家的新厨房里，我学会了做简单的饭菜。也是因为院子大，父母在院子里圈出了不同的地方，养了几只羊和一群小鸡，还开垦了一个小菜园种些当季的蔬菜。母亲喜欢花，院子里种了大丽花，一大丛刺玫，还辟出了一小块种了十几棵月季花，一到夏季，满院飘香。

我们家在父亲单位的大院里住到我上高中。1996 年，县城已经变得日渐繁华，有了商业街，区分出了东街、西街，中心地带已经出现了不少四五层的楼房。母亲的单位集资盖楼房了，家里的经济也开始稍微宽裕了一些，为了我和弟弟上下学的时间缩短一些，我们全家决定搬进楼房，而母亲单位集资的楼房就在县上重点高中的围墙背后，抬脚就能到学校。在那之前，我是不敢想象搬进楼房生活的，总觉得"楼上楼下，电灯电话"的生活离我很遥远。当梦想实现时，我其实是很激动的，不光上学近了不少，生活上也方便了很多，所以，很感激当年母亲的决定。

便利的生活学习环境，让我和弟弟能更安心地学习。我们都顺利地考上了大学。1998 年，我来到了首府乌鲁木齐，在新疆大学度过了四年的大学时光。对于从小县城出来的我来说，乌鲁木齐无疑是最繁华的大都市。西大桥、二道桥、山西巷子、南门地下商业街、大小西门，这些当年乌鲁木齐的繁华所在地，离我的大学都不远。刚上大学的时候，最喜欢的事情就是周末坐上大通道（公交车的一种），花一块钱转遍全城，看街道两旁琳琅满目的商铺，看路上熙熙攘攘的人群，听此起彼伏的叫卖吆喝，感受首府乌鲁木齐市的繁荣与发展。

大学毕业，幸运地留在了乌鲁木齐，找到了工作，居然离大学很近。只不过没有想到的是，生活好像回到了原来，工作的地方也是乌鲁木齐的郊区，仿佛又回到了"田园牧歌时代",庄稼遍地,牛羊成群。

工作几年之后攒了钱,买了单位的集资房,就在单位对面,荒僻的周边环境没有多大改善,但是知道周边老百姓的自建房已经开始陆陆续续被政府征购了。这个时候,乌鲁木齐的飞跃式发展拉开了序幕。整个城市开始一点点扩大,到处都在建小区、盖高层,道路一条条被拓宽、延伸;高架像飞虹,一座座飞架在城市上空;城市亮化、绿化一年年在更新。这座城市正在以日新月异的变化吸引着越来越多的投资热潮。

乌鲁木齐的快速发展体现在了方方面面。作为普通市民,我最直观的感受就是家周边的环境大变样了。家门口的马路修宽了一倍,安上了路灯,种上了行道树,乱七八糟的自建房拆了,建起了小游园。附近还有漂亮的政府安居小区拔地而起,很多低保户都搬进了明亮的新家。汉族、维吾尔族等很多民族聚居在一起,好像又回到了儿时的记忆里,左邻右舍互帮互助。

算算时间,我已经在乌鲁木齐——我的第二故乡生活了二十年时间。二十年不算短,亲眼见证了这个城市慢慢变成了一座美丽的花园。居住的环境越来越舒适,各种现代化的设施正在逐步配备,BRT、环线快客、地铁使交通越来越快捷,社区服务的细致化使百姓的生活越来越方便。童年的记忆已经成为遥远的过去。未来的乌鲁木齐正在着力打造数字化绿色宜居城市,"树上山,水进城",为了自己居住的家更美好,我们乌鲁木齐的各族居民都在身体力行。

我认为,乌鲁木齐飞速发展的变化一定得益于习总书记两次新疆工作座谈会会议精神的贯彻落实。"一带一路"建设的加速发展,让乌鲁木齐成了桥头堡,在经济、文化等方面发挥着越来越重要的作用。

90 后的三地生活记忆

金　曦

我是回族人，出生于 1990 年，属于"90 后"里的"90 初"。我在 7 岁以前与爷爷奶奶一同生活在宁夏回族自治区吴忠市的一个小村庄里，小学二年级时转学到首府银川市，后在银川一直生活到高中毕业，18 岁时离开家乡赴北京读书，并留在北京工作。以此时间线，我将分别浅谈在吴忠市、银川市、北京市的生活经历，分享近 30 年的人居环境变化轨迹。

一、农村生活缩影：从土坯房到砖瓦房到楼房

我最初的生活记忆来自于爷爷家的老房子。它坐落在村子的最深处，由相对而立的两排土坯房构成前院，每排有三间屋子。爷爷奶奶自 20 世纪 60 年代末起就住在这里，这座土坯房见证了祖父辈的辛劳、父辈的成长以及我们这一代的快乐童年。记忆中，每逢假期或农忙时节，叔叔姑姑们都会将孩子送到爷爷家，这里也就成了孩子们的大本营。

房子的后院开辟为菜园和果园，种有西红柿、茄子、青椒以及桃树、枣树等，小时候最喜欢在后院溜达，摘下红透的柿子或采下刚变红的桃子解馋。院子里有一口井，井水甘甜清冽，在还未通自来水时，是我们主要的用水来源。后期通自来水后，由于爷爷家在村子最里头的缘故，水流并不通畅，且时时停水，我们仍需不时从井中挑水作为补给。

房子正门前是一条土路，另一侧则紧邻一条水沟，水沟对面有一个供销社。

每隔一段时间，我就会被奶奶发配去供销社打酱油、买盐或购买多数人记忆中好用且便宜的蜂花洗发水等，跑一趟的酬劳是一两毛的零花钱。去供销社需要绕远路，通过一座木头桥到达对面，在水沟缺水或冬天结冰时，可以横渡过去前往供销社。多年后，即使生活条件改善、物质资源丰富，供销社已不复存在，超市、商场等占据主流，奶奶依旧追问我买给她的礼物，是否是"供销社里的，公家的"，不要买"私人的"。

土坯房示例

爷爷家院落外即是大片的农田。因为利用黄河水灌溉的缘故，宁夏平原素来有着"塞上江南"的美称。每到夏季来临时，湿地连片、风景优美，一条条灌溉水排水渠则成了孩子们的嬉水乐园。蹚水、打水仗、用泥巴做成电话、锅碗瓢盆等，作为"过家家"游戏的道具；在水渠里捕小鱼和泥鳅后烤着吃……这一幅幅画面构成了记忆中多姿多彩的夏天和乐趣无穷的童年。

春天有花可采、夏天有水可戏、秋天有果实可摘，冬天则成了四季中最难捱的日子。北方的冬天漫长而清冷，家家户户在屋里支起炭炉，原本的厨房转换到了卧房里，一边烧水做饭、一边生火取暖。到了晚上入眠前，需要向碳炉里加入满满的炭、关闭风门，俗称"埋火"，这样可以使炭缓慢燃烧，提供温度，同时第二天无需重新生火，打开风门、加入新炭即可。煤炭的不充分燃烧会产生一氧化碳，如果烟囱有泄漏、室内通风不畅，容易引起一氧化碳中毒。记忆中小时候有一次冬天半夜醒来,感觉头痛恶心,爷爷奶奶赶忙打开窗子通风换气,第二天立即检查烟囱,所幸没有酿成大祸。除了支炭炉外,烧炕是另一项取暖措施。一般在傍晚时开始烧炕,向炕洞里加入柴火、玉米芯、泥基子等,将土炕烧热,睡前提前铺好被褥,睡觉时就可以钻进暖和的被窝里了。不过在寒冷的下半夜,碳炉的温度不足以维持室内的温暖,虽然身下的炕是热的,但露在外面的脸和不小心露出来的手脚还是冰凉的。到了早上起床时,更是最痛苦的环节,通常需要将待穿的衣物放在被窝里捂一会儿,并且要练就缩在被窝里穿上基础保暖衣物的技能,才有翻身起来的勇气。

除了难捱的冬天,在这里居住还有以下不便之处:一是爷爷家邻着的水沟,在上游排水量大以及下大雨时,容易泛滥,多次冲塌邻着水沟一侧的地基。每当此时,家里的男丁们纷纷赶回爷爷家,紧急制作防汛沙包,在水沟旁建起自制大坝。纵然如此,还是抵挡不住突如其来的山洪,最严重的时候,邻着水沟的一间房被彻底冲毁。二是下大雨时,土坯房很容易漏水,会面临屋外下大雨、屋内下小雨的窘境。三是爷爷家门前一直未修路,交通不便。在爷爷身体硬朗时,每逢农村集市,爷爷会骑着自行车载着奶奶去赶集。当我去银川上学后,假期同父母一道回家看望爷爷奶奶时,通常也需在集市口拦下农用车改装的"巴士",坐到村口,再徒步进入村里或等待叔叔们骑着摩托车来接。

2002年,场部给爷爷分了一块住房用地,位置在村口第三家。老的土坯房被拆掉,木头房梁被重复利用到新房子里。新房子按照村里的统一布局,由砖头砌成,仍然建了后院,发挥着菜园和果园的作用。这套砖瓦房不再邻着水沟,没有了水灾隐患;房顶加固,很少再漏水;门前由政府统一规划,修了水泥马路,并有班车通过,可以前往农村集市及吴忠市里。需要赶集时,爷爷会根据班车班期,在门前候着,向过来的班车招手,即可上车乘坐,前往集市。班车的开通连通了各村落,走亲访友不再困难,同时连通了农村与城里,进城逛街也便利不少。

后来,在我离家去北京上大学后,回老家的次数变少,每年只有寒暑假短暂在家停留一段时间,而每次回去都有新的变化。先是条件好的三姑,退休后在吴忠市里买了房子,举家搬迁,基本只有在开斋节、古尔邦节等回族节日时才会回到农村老房子,在这里过乜帖、宰牲。后来,大部分务农的亲戚陆陆续

砖瓦房示例

续都在市里买了楼房，搬到城市居住，即使条件一般的亲戚，也会在城郊或者镇上买楼房住。居住环境的最大变化在于，远离了臭气熏天和满是蝇虫的农村茅厕，有了水冲式厕所；冬天无须再生炉子，楼房里都通了暖气，可以温暖过冬；购买东西十分方便，楼下就有超市、附近就有菜市场，不用算着时间赶集。不过大家还是保留了居住习惯，楼房里的卧室，一间放着双人床，另一间必然做成炕，只是不用留炕洞、烧炕，而是在炕下铺了暖气管，喜欢睡热炕的冬天可以将暖气管里的热水通过去。

农村的土炕，有炕洞，冬天需要烧炕

搬到城市居住的人们保留了睡炕的习惯

2016 年，在一次返乡探望亲友的过程中，时隔 14 年，我重回小时候最初住过的土坯房。拆房子时留下的废墟仍在，时值金秋却看不到农田里收获的景象，小时候戏水的水渠已荒废。以前的邻居也已搬离，破旧的房屋无人居住，几处较新的房屋，听闻也已由原主人出租或转卖给现住户。原主人搬到了市里的楼房，而现住户多为宁夏西海固①贫穷地区的相对有一定经济条件的村民。他们离开了干旱而贫瘠的土地，选择来这里打拼。由于村庄现居人口较少，加之生活条件变好的农民们有很多也买了小轿车，原先开通的班车也已停驶。

农业人口选择更舒适的居住环境、逐渐向城市迁徙的过程，其实反映了我国的城镇化进程。在写作此文的过程中，恰好读到一篇题为"中国人口大迁徙：3亿人的命运正在被改写"②的文章。文中提到，"中国城镇化率从1995年的29%飙升至2018年的近60%，城市人口愈发稠密；另一方面，农村人口从1995年的最高峰8.6亿下降到2018年的5.6亿，整整减少了3亿人。"3亿人离开农村，由此引出两个现象：一是农村"人口结构的空心化"。以自身经历为例，有经济条件的退休农民选择住在生活条件更好的城市安享晚年，相对贫困或不愿离开的老人留守农村，青壮年劳动力选择去往城市打工，与我同辈的兄弟姐妹，大多数或通过在城市从事服务业或通过求学，也已离开祖辈赖以生存的黄土地。务农人口的减少，带来的是耕地的撂荒。据该文介绍，"以耕作难度大、最容易撂荒的山区为例，2014～2015年，科研人员调查的235个村庄中，存在撂荒的村庄比例高达78.3%"。我也不禁发出与文章作者同样的疑问："未来，将由谁来进行农业生产呢？"二是"住宅的空心化"，从上述提到的，亲人陆续离开农村前往城市以及返乡过程中发现的农村住宅空置现象可以窥见一二。我认同该文中提到的，借鉴发达国家经验、根据我国现实情况，通过农业机械化、细碎耕地与废弃房屋用地的集中整治与统一耕作、发展二三产业来拥抱"中国的农业人口还将大幅减少"的变化、迎接"继续城镇化而不固守农村的一亩三分地"的机遇、实现乡村振兴。因为没有对家乡的情况作深入调研，不敢妄下结论，但是从家乡也悄然兴起的农家乐中可以窥探出产业转型的端倪。只是，在居住环境日益改善的情况下，有时也不禁感叹，未来自己的子孙生活

---

① 是宁夏回族自治区南部山区的代称，范围包括固原地区的西吉县、海原县、固原县、泾源县、隆德县、彭阳县六县，以及同心县部分，不是一个标准的行政区划，没有严格的定义。1972年被联合国粮食开发署确定为最不适宜人类生存的地区之一。（来源：百度百科，https://baike.baidu.com/item/%E8%A5%BF%E6%B5%B7%E5%9B%BA/563402?fr=aladdin）
② 来源：微信公众号"星球研究所"。

在高楼林立的水泥森林中，是否也只有在农家乐旅游中，才能些许体会到自己小时候在田野奔跑、田间嬉戏的乐趣呢？

二、城市生活变迁：从家属楼到商业楼盘

1997 年，在我上小学二年级时，父亲将我转学到了教育条件更好的银川市。父亲在医院工作，当时我们一家就居住在医院分配的家属楼里。老式的家属楼为连排建筑，一排楼印象中大约有七八个单元，每单元共三层，每层分出四户，没有独立的洗手间，在楼道中间设有两个公用厕所；没有浴室，需要到家属院的公共澡堂里洗澡。楼下的一排路灯经常坏，冬天放学回家时天色已暗，一拐进家属楼前，我总是一路小跑冲回家，总觉得每栋楼黑魆魆的单元口里藏着坏人。

家属楼建于 20 世纪 70 年代。当时没有小广场和小区绿化的概念，楼间的空地就是大人们的散步场所和孩子们的乐园。因为入住的都是医院职工，大家互相之间基本都认识。集齐百家姓的叔叔阿姨晚饭后互相寒暄，我们这些孩子们则在一旁打沙包、跳皮筋、捉迷藏。

家属院外的一排平房为临街商铺，餐饮、小卖部等应有尽有。不远处有两层楼的步行街，一楼的一部分为菜市场、另一部分卖杂货，二楼主要售卖衣物。二楼每栋楼之间由桥梁连接，在桥下的一楼位置，有类似于现在的美食街，特色小吃遍布，可以满足味蕾需要，但就餐环境也着实堪忧，用过的纸巾、竹筷随意丢弃，厨余垃圾和污水随意倾倒。

差不多两年后，医院在原家属楼旁，新建了一批家属楼，父亲购买了一套。新的家属楼为后来常见的六层住宅楼，有独立的卫浴。楼下有草坪和花园，还有散步的步道。整体环境相较于之前，提升了不少。

家属楼虽然价格便宜，能够保障基本住房需求，但相对而言，物业服务不尽完善。比如我们住的楼盘，没有商业化、品牌化物业公司接管，更多是靠住户自维护及医院协助管理，住宅折旧速度较快。随着生活水平的提升，人们越来越追求环境更加优美、配套更加完善、管理更加规范的商业楼盘。叠加我考入重点高中和父亲医院建新址的多重因素，我们也搬离了原来的家属楼，几经比较，选择了地理位置优越、紧邻森林公园、环境清幽、户型良好、服务完善

的商业楼盘。

人们在追求更宜居的生活环境，城市也在向着更加整洁、更加包容的方向发展。重回家属楼故地时，我发现老式的家属楼及临街商铺已拆迁，取而代之的是新式高层住宅及商业综合体。步行街依旧存在，但已重新修葺。一楼的美食街经过整顿，已无餐余垃圾随意倾倒现象，整体面貌焕然一新。

三、特大型城市生活的窘迫：从四处租房到自住型商品房

2008年，我离开家乡来到北京求学，2014年完成硕士研究生学业后，留在北京工作，在北京居高不下的房价以及刚毕业微薄的工资条件下开启了漫漫合租之路。特大型城市租房资源紧张，各色中介良莠不齐，市场缺乏有效监管，租户维权困难且成本高，我先后经历了黑中介为了避免房间空置，在我的租约还有一个月到期时，为迎接着急入住的新租户，私自进入房间，将我的物品全部扔在门口；谈好条件的房子，在还未到期的情况下，因房东个人原因需要收回房屋，提前解约，无任何赔偿；搬进新房子，在还未来得及收拾好所有行李的情况下，放在门口的行李被中介找来的保洁当做垃圾扔掉……诸多不愉快的租房经历，让我非常渴望能够在北京有个安定的住所。

在高企的房价下，我开始关注政策性住房，根据自身情况，成功申请到了自住型商品房。自住型商品住房的价格比周边商品住房低30%左右，套型以90平方米以下为主，购买后五年内不得上市，五年后上市收益的30%上缴财政。我申购的这套住房位于五环外、望京以北，距离望京商圈7公里左右、首都机场18公里左右，地理位置相对较好。小区里有配套的公立幼儿园和小学，方便今后孩子入学。一般来看，为了争取更多的空间、容纳更多刚需住户，政策性住房户型不同于商品住房，很少有南北通透的方正户型，即使有，也是一抢而空。我所购买的这套住房即属于网络上经常盘点的"奇葩户型"之一——东西向手枪型。据了解，因为户型不好，后期剩下的全西向方正户型由于无人问津而不得不面向符合限购条件的家庭公开发售，不再需要排队摇号申请。

这套住房为期房。在2016年初缴纳首付款、办理贷款后，我一边继续租房一边期待着交房。2017年10月，开发商如约交房。在验房时，初步暴露出房屋的一些问题，如地面不平、窗户密封性差、防盗门质量差等，需要在装修时

修整或更换。2018 年 3 月，在装修及散味后，我和爱人正式入住。

有个自己的小窝是一件无比幸福的事情。搬进伊始，我们一点一点地收拾、布置，打造自己梦想中的安乐窝。当初觉得奇葩的户型，在入住后发现，除了客厅较暗外，采光还算可以，东西通透也保证了室内的通风。入住一年多来，室内环境整体满意，唯有楼板、墙体太薄，隔声很差，在家里看电视会被隔壁的邻居敲墙示意声音放小一点、夜晚入睡时楼上打游戏的欢呼声也声声刺耳。

相对于室内环境，周边生活环境存在更多问题：

一是进出小区唯一的主路迟迟不修，居民出行不便，人车混行、存在极大安全隐患。

位于小区西侧、进出小区唯一的主路，路面坑洼不平，在向南进市区方向还有一段铁道口，在转入铁道口时路面变窄，经常堵车。

主路路面坑洼不平
（图片来源："问北京"微信公众号报道）

另一大堵点就在小区外。一方面，自住户入住后，小区西侧、主路边即用蓝色围挡围起，开始修建市政管廊。据了解，管廊原定 2017 年年底完工，因拆迁协调问题拖到现在，近两年的时间还没完成一半。管廊施工占用了部分路段，同时封堵了小区的一个出入口，车辆只能集中从小区北门进入。路面的施工也要在管廊修好后开始进行。另一方面，开发商在规划之初，原定小区地面、地库停车位同时向业主出租，地面停车费用低于地库停车费用。然而实际执行时，地面停车位改为临时车位，仅地库车位出租，且价格高于市内部分高档小区的车位出租价格。部分业主及租户觉得费用贵，在小区临时车位没有位置时，选择将车辆停在路边，也占用了部分路段。加之小区西北侧有搅拌站、附近有在建工地，大货车无论早晚在主路上"横行霸道"，经常闯红灯、逆行。路面没有标志线，导致各种大型车辆穿梭、人车混行。

路上各种大型车辆穿梭、人车混行 没有标志线 车辆在路两边随意停放
（图片来源："问北京"微信公众号报道）

2018年10月，在小区南侧主路上，一周发生3起大货车交通事故，死亡2人。事后多家自媒体报道，交警前来整治路边随意停放车辆，并画了标志线。但一周后，因来往大货车较多、粉尘漫天，很快标志线就看不到了。此路段没有安装摄像头，大货车仍旧逆行、闯红灯，交通状况没有改善。今年起，在经历无数次堵车、住户无数次投诉后，去年报道过的自媒体跟踪回访，有关部门重新画了标志线、加装了人行护栏、安装了减速带，状况略有好转，但大货车我行我素现象很难改善，通过减速带时不减速也成了临街住户新的噪声来源。

二是周边在建工地众多，噪声、粉尘污染严重。该自住型商品房属于该片区域拆迁后建起的第一个小区，周边仍在规划中，在建工地众多，有时晚上22点后还有施工现象，严重扰民。施工带来扬尘，小区周边空气污染严重，在家通风时屋里尘土很大。

三是夏日用电高峰时期经常停电。小区住宅结构为封闭式高层小区，共有2300多户住户。2018年炎夏用电高峰时期，晚上9点左右开始，户内会突然断电。一般为某栋楼集体停电，物业处理后，恢复用电十几分钟，会再次停电，一晚上循环往复五六次。还发生过人员被困电梯事件，存在极大安全隐患。据其他业主反映，自交房起小区一直使用临电供电，无法满足高峰时期用电需求。经过协商处理，今年夏天，大规模停电事件不再发生，但某栋楼、某单元不时还是会发生间歇性停电问题。

四公里内仅此一处建成楼盘　　周边在建工地（图片来源："问北京"微信公众号报道）

　　四是周边配套还不完善，小区内部管理混乱，单元楼内违规开设商用店铺。小区周边最近的商业综合体在4公里外，底商一直未交付，居民购买日常用品等非常不便。在此"商机"下，各单元一楼被个体户租用，将居住用房当作商品用房使用，开超市、理发店等，有些甚至在楼内销售炒饭、炒面等快餐。有些单元楼还设置了快递代收点，来往人员众多，楼内住户安全无法保障。

　　以上问题连带的影响是，很多业主在购房、交房考察后，因周边环境、配套设施、交通等问题，放弃入住该住房，而选择出租，加之群租现象屡禁不止，导致小区中租客数量远大于入住的业主数量。小区入住人数保守估计有上万人，加剧了交通拥堵、用电紧张等问题，同时，人员混杂也带来了诸多安全问题。

　　室内的居住环境真真实实地把握在自己手里，而外在的居住环境则受制于客观条件限制。回到家里时，内心对拥有自己的小窝感到无比欣喜；但离家外出，看到周围混乱的环境，却经常让我怀疑此刻是否身处首都。政策性保障性住房的基本性质是"社会保障"，让中低收入的刚需家庭有屋可居、有家可安，但是否用七折的价格购买，就要让步三折的房屋质量与配套环境？"自住型"保障住房，是否也在受限的、不宜居的生活环境制约下而失去了其自住的意义？

　　纵观自己近 30 年的生活经历，不管身处何处，主观和客观的人居环境变化无一不反映出日新月异的社会变化、整体经济水平的提升，以及人们对美好生活的向往，即向着更美好生活环境的迁徙。这一切离不开新中国成立 70 年来的繁荣发展。而奋力践行人民对美好生活的向往，不仅是党和国家的奋斗目标，也是我们每一个人居环境参与者的追求。以上个人经历与浅谈，谨作分享，希望有助于推动我国建设更加包容、安全、健康和可持续的城市和人居环境。

我印象中徐闻的居住环境变化

李　龙

　　我出生于1992年广东省最南端的一个小城镇徐闻。徐闻这个地名的由来与其所处的地理位置息息相关。顾名思义，因为地处偏远，尤其是在地理距离上与历史各朝代的政治文化中心相距甚远，一切信息都要缓慢地、徐徐地传递到当地，为当地人所闻知，故名徐闻。我印象中的人居环境变化与徐闻的这个历史特点息息相关。作为一个沿海的小城镇，历史上曾是海上丝绸之路的起始点，徐闻的发展并没有其他沿海城市那般的机遇，而是稍有滞后，更谈不上富裕。这在居住环境的变化上面就表现为三个大的阶段：第一阶段，生产队的解体以及城镇居住用地的"圈地"热潮；第二阶段，建房热潮及徐闻发展面临的机遇和困境；第三阶段，土地功能分区进行重新规划以及小商品房的出现。以下的叙述主要结合我自己经历过的居住环境变迁以及这三个大的阶段来阐释居住环境的变化。

一、生产队的解体以及城市居住用地的"圈地"热潮

　　在改革开放之后农村生产队逐渐走向解体。作为原生产队共有财产的土地则被分割给生产队的成员。这个分割是以农田用地的标准来分给生产队的成员的。对于现在城镇范围内的土地，划分给生产队成员的土地远超出其居住用途的需要，却并不足以进行规模稍大一点的农业种植。因此，这些农户大都选择转让出售部分土地，然后拿钱去偏远的乡下购买一片更大的土地来经营农业。

另外，80 年代的徐闻年轻人基本都继承了老一代人对土地的依赖感，正如我父亲曾跟我谈到过的那样，一个家如果没有一片属于自己的土地，总会觉得精神中存在某种失落感，或者说是心理上总觉得不踏实。所以当在城镇内分得土地的农户转让土地的时候，当时的年轻人如果有机会，总要想办法去购置一块土地的使用权，作为当时或者以后建房子的地方。

当时我父母也东拼西凑了一点钱，然后购置了一块不到 200 平方米的小空地。小时候印象最深刻的一件事情就是坐着父亲的摩托车绕行在一道道砂石路铺成的小路上，然后到了一片荒凉的，用石头围起来一圈 50 厘米左右高度围墙的小空地。每次父亲或者母亲来到这里，或者谈到这片土地的时候，话语间都会缓和下来，说这是我们家以后用于建住宅的土地。那种语气就像是高悬着的心落到了踏实的土地上，又像是一辈子努力奋斗以期达成一个愿景。那片小土地的周围到处都是像我们家的土地一样，被四四方方的低矮围墙围起来的住宅地。有些土地上面已经建起了两层楼，但更多的是在空地上面搭起来的茅草房或者砖瓦平房。两层楼房的建筑风格也很有特点：清一色的一字楼，四四方方，规规矩矩，简简单单。在当时私人建造的住宅主要以两层楼为主，三层以上的较少，再往高了建就是各单位的员工居住用房。当时全县唯一的一栋十几层的楼——芳都酒店大楼在当地都是一个地标性的存在。城镇居住用地的圈地热潮随着土地有限供应量的下降而逐渐冷却。整个城镇的大环境主要是单位建高楼，一般是五到七层；私人建矮楼，一至三层；更多的是已经购买但还是空置的住宅用地或者未开发的土地。

整个圈地热潮在 2000 年左右逐渐冷却了下来。就我们家而言，我们家并没有经济能力可以在购地之后再建立住房。所以直到近两年以前，我们家一直以来住的都是单位住房。我父亲是小学老师，我们家此前一直居住的都是学校分发给教师员工的教师宿舍房。从我出生到 2000 年这期间，我们家搬迁了两次。从我有记忆的时候起，我们家最早住的是砖瓦平房。从 80 年代到 90 年代初，砖瓦平房是我父亲就职的小学提供给教师员工居住的标准住房。穿过小学的教学楼，进入教学楼后面的教师住宅区，就会见到一排接一排的平房。平房区一共有两列三排。每一排具体的户数已经记不太清。邻里之间都是同事，又是当时那个年代受教育水平较高的一群人的聚集，因此当时生活的氛围较为和谐，邻里之间的沟通比较频繁。在 1994 ～ 1995 年之间，学校开始建宿舍楼，我们家也跟着搬去新的宿舍楼。宿舍楼并没有占用原来平房的土地，而是坐落在学校西北角角落的空地上。宿舍楼的房屋使用面积不算太大，其建筑特点是房间较多。进门就是一条东西走向的狭窄而短的走廊。在走廊上面有一个朝南的阳台，上面被母亲种满了各种花。走廊尽头右拐进门，就到了客厅。整个房子一共有三房两厅一厨一卫。每个房间的面积都不算太大，房间里放置一张床，一张书桌基本上就已经饱和。客厅、餐厅以及厨房卫生间等地方算不上宽敞，但不会让人在居住过程中感到拥挤。我们家住五楼，在刚住进去的那几年，我们家这个高度朝窗外望去视野很宽广。随着人口和经济的增长，曾经的平房区全部都被拆除，取而代之的是一栋一栋的高楼，渐渐地我们这栋楼的视野都被遮挡起来。

在学校里面，各种体育设施和活动场所比较齐全，与现在学校的运动场不同的地方在于，当时的足球场里面长得都是野草，跑道里面铺的是煤渣；篮球场也只是简单铺过一层水泥的平地；乒乓球桌是砖石和水泥砌起来的；羽毛球场就是瓷砖围起来的一个大圈，中间随意挂上一张网。尽管设备简陋，但基本能够满足人们日常的运动需求。当时的学校校园也是开放式的，尽管有围墙划定了学校范围，但周边的居民进学校使用这些运动器材是不受限制的。小孩子还没有什么电子产品作为玩具，一到放学时间，一小群一小群的小孩子就会聚集到体育场上面追逐打闹玩游戏，而大人们也在一日的工作之后三三两两地聚在一起聊天。

1999 年，由于父亲的工作调动，我们搬去了另外一个新建小学的教师居住区。同样是住在五楼，新的住房比之前的住房稍显宽敞，最大的变化是客厅面积比之前的住房客厅大了不少。有趣的是当时新建的楼房基本上都会卡在七层楼这个高度，因为当时有规定七层以上的楼要加装电梯，为节省成本，当时新建的单位楼都会卡在七层这个高度。

新的小学坐落在县城东边比较偏的位置，学校西边和南边是一片砖瓦房，偶有几栋两、三层的私人楼房，东边则是一大片树林和野坟地，林地中间零零散散分布着小规模的农田。学校的教学楼和宿舍楼基本上是当时那一片地区最高的建筑。在天气较好的时候，站在学校教室宿舍楼顶楼能望见十几公里外的海景。这里距离县中心较远，但由于新建小学的成绩和名声较好，也提供小学住宿，全县无论远近都有家长将小孩送到这里来就读。新小学采取单双周放假模式，单周周六放假，双周周五放假，从一年级到六年级都有自修。虽然说是自修，但低年级不是必须要参加的。主要是因为有偏远农村的孩子就读，学校为了方便管理就搞了自修，照顾偏远农村因为交通不便而难以回家的学生。在我记忆中，当时在这里就读小学并没有感受到任何大的压力，学生也都比较朴素和开朗。这大概与老一辈从小地方奋斗至今的父母的言传身教有关，他们普遍坚信学习能改变孩子的未来，能帮助他们过上比自己这一代人面朝黄土背朝天的贫苦生活。这种学习生活的环境在今天是难以想象的。

从我小学六年级到初中毕业这三年间，县里悄悄地发生了一些变化。私人建的四五层的楼房逐渐多了起来。这类型的楼房主要建在马路两边，普遍都是一楼用来自己做生意或者租给商户做生意，二楼用来自用。大的超市、翻版的麦当劳——肯麦基、县中心广场等新的事物走进了人们的生活。因为地方偏远，连锁的招牌没有选择徐闻这个地方搞投资建分店。所以多是去过广州、深圳等地见过大城市然后又挣了点小钱的人，回当地投资搞的模仿产物。这种典型的土生土长的商店只是点缀了居民的生活环境，但没有对居民的生活主线造成大的影响。比如说，买菜买日用品，人们还是选择去菜市场和小批发商店购买。大超市、麦肯基、李宁店等这些潮流的店在当地居民眼里就是"贵"字的代名词。

总的来说，直到2008年，新事物、新建筑从无到有，从陌生到熟悉，从电视广告到现实中能看到，逐渐走入居民的生活环境之中，但这没有对人们的生活习惯造成大的改变。有能力自己盖房屋的人逐渐多了，不过多为自用或者最多沿路的一层租用给了商户做生意。新事物的出现都是为了满足人们的实用需求。

二、商品房热潮以及徐闻发展面临的机遇与困境

从2008年我开始上高中，直到2015年我本科毕业这段时间，我回家的频率从一月一次延长到了半年一次。这期间我对徐闻的印象发生了较大的改变。一方面，在外地读书使得我逐渐看到了徐闻县城以外的地方，看到了徐闻县城以外广袤的农田，明白了徐闻这个地方始终离不开农业的发展模式；另一方面与我走出来的方向相反，一条高速公路——沈海高速公路伸向了徐闻，并将发

达城市的新鲜事物不断运向徐闻。不知不觉间，商品房开始在徐闻落地生根。一幢幢十几层的高楼开始在徐闻出现，之前没钱或者没来得及买到土地建房的人都纷纷跑去抢购这种商品房。房价普遍在一平方米两千到三千左右，外出做生意或者有一定积蓄的人都去购买这种类型的商品房。当时由于商业的落后，人们的消费能力和消费观念也都停留在曾经的赶集式消费观念上：多储蓄、周期性购买生活必需品。再加上没有过多的消费需要，人们往往都会优先将平时积蓄下来的钱拿去购房。

对徐闻的发展起到了重要影响的两个交通枢纽：一个是前面提到的沈海高速，一个是火车的渡海港口，为这一时期的徐闻发展带来了机遇与困境，并且彻底改变了徐闻作为一个落后小县城的面貌。它们为徐闻带来的机遇并不是直接的机遇，而是间接的，由海南扩展过来的机遇。曾经的海南由于交通极为不便利而较少成为大规模旅客出行的首选之地。这两个交通枢纽的建成为海南旅游观光带来了质的变化。逐年增加的旅客数量带来海南旅游业的发展，带出了琼州海峡两岸地区"温暖过冬"的名声。在这个大背景下，徐闻搭上了海南旅游业发展的顺风车。作为到达海南之前的最后一站，徐闻也吸引了不少旅客停留参观，并且有人开始在徐闻购买过冬楼房。过冬旅客主要投资目的地在海南，这其中流出了少量需求给徐闻。尽管少，但是对于徐闻这样一个商品房市场不是很发达的地区，已经足以为整个小城镇的发展带来质的改变。房地产商开始在渡海港口周边大面积圈地，并且开始大面积建设新的商品房楼盘。这极大地改变了曾经沿海公路两边要么大面积耕地，要么一片砖瓦房乃至帆布和木架搭起来的简易住所的面貌，取而代之是连成一片的房地产商投资的楼盘。另一方面，在本地的汽车数量稳步上升的基础之上，再加上外地游客的涌入，在城镇中行驶的汽车数量暴增，这为当地居民带来出行的困扰。因为徐闻县城的主要交通线路都是在 2000 年前后建成，而当时的居民主要交通工具是摩托车或者自行车，所以道路建设明显没有考虑到徐闻能有十几年后的发展状况。这表现在原道路既没有为道路的拓宽留下缓冲的地带，又没有为汽车的停车位留下充足空间。曾经主要考虑少量汽车通行、大量摩托车通行的双向两车道道路，大部分地方甚至是一车道道路，完全容纳不下徐闻迎来发展高峰期之后的汽车数量。无处停放的车辆在路边随意停放，更是加剧了道路通行的困难。

城区及其周边土地的超饱满使用状态暴露出来徐闻一面在喜迎发展良机，一面在苦苦挣扎的双重心态。由过冬旅客带起来的房地产热，也逐渐波及当地的建筑使用功能。越来越多的沿路建筑物被改造为酒店或者消费场所，诸如卡拉OK、饭店、按摩洗浴中心等。然而旅客过冬存在季节限制，煎熬三个季度才能迎来一个季度的旺季，于是沿路的消费场所必须要通过抬高价格来抵消旺季淡季对运营成本带来的压力。这进一步影响到当地传统饮食店的价格水平，以至于当地居民常开玩笑道徐闻是"不知道几线的小城镇，但有着一线城市的堵车以及一线城市的消费水平"。

三、土地功能分区进行重新规划以及小商品房地出现

在上大学以后，我与徐闻的联系变成了周期性的一年两见。每次回徐闻都会有种强烈的感觉，即徐闻的发展始终是在修修补补，宛如一个落后的小城镇一夜之间被打了一个现代化的补丁。

县政府在积极面对徐闻发展遇到的问题，尤其是在土地使用方面要重新规划徐闻的土地功能。这个思路的核心在于快速疏通外来车辆，减少过路车辆路过城区的可能性。两条笔直的进港快速通道像一双筷子一样夹在徐闻的东西两侧。花大代价修路所带来的效果却并不能令人满意，除了大货车不再在城区内拥堵以外，城内狭小道路与不断增加的行车数量之间的矛盾依然在上演。此外，政府采取紧缩的土地政策再加上外来过冬人口对当地商品房的需求，当地房价在稳步上升，购买住宅用地的价格也在逐渐上升，并且迅速超过了单独建一幢两三层房屋的价格。没有土地又嫌商品房价格太高，于是催生出了当地的一个建小商品房热潮。小商品房介于租房与购房之间，即拥有一块土地使用权的人，通过共同出资的形式建起来一幢高楼，然后一层归一个出资者使用，但房屋产权只在拥有土地使用权的人手中，并且可以确保在其中获利。这种形式钻了政府对商品房市场的管控政策的空子，以私人住宅的要求来申请建楼，但其实质是建设商品房。这种房屋一般要比商品房便宜不少，因此获得了当地需要购房的人的青睐。近几年，这种模式的小商品房的数量在不断上涨，对人居环境带来不少负面影响。这主要体现在，小商品房的建设位置通常是较早时候买下来要建私人矮楼房的空置地，其往往处于众多小社区的中间，四周被居民房环绕

的地方。突然建起来的高楼完全不顾及周边居民楼的采光和隐私，小巷子的交通条件、公共使用空间的要求等。

最后罗列几点人居环境方面出现的一些小的变化。在公共设施方面，县政府规划了几处公园建设用地。以前整个徐闻县城只有一个处于城镇边缘的公园，人们基本上只有过年的几天会去这个公园游玩。现在新增的几处公园为人们的日常生活带来了新的散步场所。另一方面，大型商场的陆续建成以及诸多连锁名牌店都陆续选择到徐闻投资，但无一例外的是因为当地人的消费水平达不到商场的运营成本，而形成商场成为特定观光景点的窘境。至于每个地方都感到头疼的广场舞，反倒在徐闻未形成过多的困扰。由于当地气温较高和中老年人生活习惯的特殊性，广场舞一般只集中于县中心的商店广场上进行，跳舞的时间也不会很长。所以当地人对于广场舞这一个现象只是当成一道路边的风景，并没有过多的冲突。

以上是我对徐闻人居环境在不同经济发展时期的变化的一个总结。后面两个阶段因为在徐闻停留的时间较短，所以只能从较为宏观的角度来描述人居环境中出现的一些重要的改变。当小县城遇到大机遇，当地政府就需要解决许多发展会遇到的难题。而人居环境这一点则一直处于放任其自由形成的状态。但不可否认的是发展为人居环境带来了更丰富多彩的选择，尽管与之相适应的是诸多私人利益冲突，私人对公共设施的需求以及对优化居住环境的需求的出现。毕竟人居环境之中人本身也就是环境，人居环境的变化同时也是人在发生变化。

人居环境变迁

李 岩

　　我出生在一个小县城——聊城市阳谷县。阳谷县是什么地方？历史上有武松打虎的故事，有武松和西门庆、潘金莲的故事，还有武大郎卖炊饼的故事。同时，这里也有丰富的人文资源，例如景阳冈、狮子楼、蚩尤冢和海会寺。值得一提的是始建于北宋的狮子楼，一部《水浒》传遍民间，传说中"狮子楼武松斗杀西门庆"的故事正是发生在这里。此外，闻名世界的京杭大运河山东段也途经此处，2014年中国大运河被列入世界遗产名录，而位于阳谷的阳谷古闸群更是被列入大运河58处遗产点之一。

景阳冈

狮子楼

阳谷古闸群－荆门上闸

　　我自记事起就住在一个小平房里，院子里只有一间正房和一间小厨房。正房面积大概二十多平方米，我们一家四口住在里面，堪称"蜗居"。正房有一扇朝着南面的窗户，阳光每天都能照进来。你们可以想象那时候我家那些简陋的陈设：正房里有一张床，一个小衣柜，角落里摆放着洗手盆，吃饭也是在卧室里的桌子上吃，椅子也是没有椅背的那种。总的来说，当时的居住条件只能满足基本的日常生活。

院子里正房为砖木结构，平屋顶，建造年代久远。阳谷县全年降雨量小，春季干旱多风，夏季雨量集中，秋季温和凉爽，冬季雪少干冷，因此当地房屋大多都是平屋顶。秋高气爽的时候，我们会在屋顶晾晒朝天椒。村民则会晒一些玉米、稻谷以及从地里秋收回来的粮食。相对而言，城里几乎没有晒东西的习惯了，他们无地可种，也没那么多时间。当时县里每家每户居住面积都非常小，布局是每家院子门挨着门沿街排开。但是那个时候邻里和睦，像是亲人一样。每当回

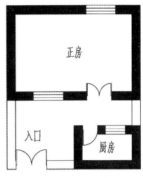

平面图（李阳绘）

想起这些，年少的日子历历在目，仿佛和亲戚家的孩子在炎热的夏天互相泼水玩耍还是发生在昨天一样。好像那个时候日子都很慢，我们也没有电视和手机用来消遣，玩闹的话语都记在心间。

那时候居住区的市政设施并不完善，比如说没有现在小区都有的排水、供水系统，卫生间也是周边几家共用的室外旱厕。做饭需要生火，夏天生火用柴，冬天则烧煤。家里没有燃气也普遍支付不起高昂的电费，电都是用来照明的，不是用来做饭的。当时我们普遍喝的饮料是易拉罐装健力宝，小区门口还有专门回收易拉罐做模型的，他们把那种铝制的易拉罐加热一下，化成银白色的液体，然后倒进模型里，等冷却风干之后就是一个铝锅。我们都用这种铝锅去煲汤，或者去蒸馒头、做饭。当时我们还没有暖气，冬天的时候都是将烧开的热水灌入暖水袋取暖。每到冬天都会冻耳朵冻脚，即使在屋子里也很冷，也没有保暖的耳套、手套之类的，条件还是很艰苦的。

除此之外，当时我们周边的生活服务设施也远没有现在完备，那时候附近既没有超市，也缺少具有一定规模的饭店。在我住的那条街斜对面有一个阳谷宾馆，可以说是这个小县城最好的饭店了。平时是可以接待外宾的，当时能在那里吃一顿饭，是可以让别人非常羡慕的。那时候如果我们想外出吃饭通常只能去吃摆摊的烤串、炸串，因为当时售卖的商家也并没有店铺，所以每到夜幕降临，沿街的摊位摆的全是诸如羊肉串之类的烤串。中小型饭店在那个年代都

很稀少，基本上大家都是自己在家做饭吃，但是买菜并不方便。我们从家门口到菜市场的话，大概有两公里的距离。不仅如此，我们家离幼儿园也有一定距离，通常都是父母骑车把我送至幼儿园或者我自己坐公交车。我还能记得我上幼儿园的地方，从我们家出来要经过几个十字路口，如果步行要走很远。幼儿园的马路对面就是我的小学，直到上小学，都是我父母骑自行车去接送我。

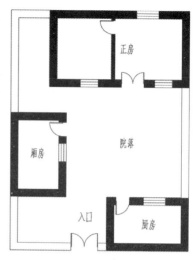

平面图（李阳绘）

上小学之前，我的大部分时光都是在这处小平房里度过的，大概一年级的时候我们搬到了菜市场附近的小区里。小区面积比较大，房子普遍是正南正北朝向，但每家每户依旧都是平房，那时候当地也没有楼房。新家由一间正房、一间厢房、一间厨房和院子组成，居住空间比原来的房子大了许多。从大门进来是一个院子，院子里有一块空地，我们会在空地上种一些日常的蔬菜，诸如黄瓜、西红柿、香菜之类的。每家每户都会种易成活的蔬菜，以保证不会浪费地和水，春秋降雨不足的时节我们还会从房子里的水龙头上接水管浇地。到了一季蔬菜都成熟了，我们还会换着栽葱。正房有一扇可以通向院子的门，从这扇门进来以后就是客厅，客厅差不多十六平方米，小时候我觉得客厅很宽敞，可以在里面跑来跑去，毕竟当时的房子比以前的房子大一点。客厅西侧有一扇门通向卧室，我跟父母住在这间卧室里。这个时候室内陈设比之前完善了许多，客厅已经有彩色电视了，当时还有一个老式缝纫机，是我爸妈结婚的时候置办的。

经过几年的发展，这时候市政设施虽然仍然无法满足居民的日常生活需求，但是在逐步完善的。与几年前通常只用电来照明不同，大家家里都逐渐增添了电器。那时候虽然没有空调，但夏天屋里可以依靠电风扇制冷，当时我们家里既有吊顶式风扇，也有落地式风扇。这时候卫生间还是与周边几家共用室外旱厕，自家院子里也没有浴室，我们每家每户就用那种大号的"暖水袋"——一个特别大的塑料材质的袋子，我们将它灌满水放在房顶上，等天气好阳光充足的时候晒热了，接上软管打开简易阀门就可以洗澡了。当然这种"天然太阳能热水器"

也只有夏天可以用，冬天外面气温过低水袋会结冰，而且冬天太阳高度角小，水袋里的水无法"加热"，所以大家就去外面的澡堂，或者在家里烧热水简单冲洗一下。

我们周围的公共服务设施也完善了一些。当时我们买菜很方便，附近就有菜市场，步行七八百米可达。再过几年之后，兴起了开饭店的热潮，我们小区周边陆续开设了一些小饭店，外出吃饭也方便一些，如果想外出吃早餐，可以找到售卖包子油条的早餐铺。公共活动空间在那个时候并不多，还没有出现类似现在供居民散步游憩的公共绿地，只有一个小型的儿童活动空间。那时候随着年纪增长，也就开始觉得小县城其实也没多大。

整个小学时期我都居住在这里，从我们家正房北边的窗户望出去有个小胡同，小胡同大概有十几米长，胡同里有好几户人家。那时候年纪小，每天放学我都会和周围的小伙伴们一起无忧无虑地玩耍，我们的父母一辈都是在同一个系统内工作，我们年轻一辈也都年纪相仿，志趣相投，大家成了很好的朋友。

初中的时候，我们家又搬到了阳谷宾馆对面的小区里。虽然称作小区，但小区内一共只有两栋六层的板楼，每栋楼分别有五个单元，每单元只有两户。当时觉得这里的设施完善了许多，但在现在来看，那里还是老式的楼房小区，都是水泥台阶的步梯，没有电梯。

整栋楼的户型都是一样的，且都是南北朝向，我们家则住在三层最东侧。当时家里的格局是三室一厅，进门之后，右边是洗手间，左边是一个小餐厅，再往里则是厨房。小餐厅里摆放着一张小餐桌，这里是我们一家人吃饭的地方。我住在厨房旁边的次卧里，次卧有一扇通向客厅的窗，客厅摆着沙发、茶几。客厅的南侧也有两间卧室，卧室的阳台上养着花花草草。不光次卧有窗，厨房也是有窗的，采光特别好。搬到楼房之后，每家每户终于有自己室内的洗手间了，家里空间的私密性也增强了许多。除此之外，大家家里也纷纷增添了娱乐设施，比如家庭影院，可以放光碟看，当时我家的电视柜里放了一整套音

平面图（李阳绘）

箱设备和光碟。

楼下还有给每家每户建造的地上储物间，当时还没有地下储物间的概念，更不用说地下停车场了，储物间可以用来存放自行车和杂物。

除了楼房和储物间，剩下的空地就是属于孩童们玩耍的地盘了。相比较前几次搬迁，这次搬迁总体环境已经好了很多，每逢冬季时，都可以享受小区供暖了，不过是属于小区自供暖。当时居住区周围已经有一些可以供人们休闲娱乐的设施了，比如说在小区的门口会摆一些台球桌、棋牌桌，一到晚上小区门口就会聚集很多人，用人山人海形容一点也不夸张。孩童在台球桌上秀着精湛的技艺，老年人则在棋牌室展现着斗智斗勇，不过此情此景现在已经很难见到了。当时小区因为面积和条件有限，并没有健身器械，其实还有一个原因是健身器械并未在县城里普及。谈到小区周围的公园，唯一回忆起来的就是父亲所在的公司里面仿古的小亭子，悠闲自在的鱼儿，绿油油的小草，争相开放的花朵，一切都显得那么自然惬意，这片很小的区域也是附近唯一的"公园"。小区附近还有一处广场，离我家特别近，走路的话三分钟就到了，县城里最大的电影院就坐落在此，被人们称为电影院广场，学校组织的各种观影活动都在此电影院举行，广场晚上还会有一些娱乐项目，比如：气球射击游戏、套圈游戏等，不过现在的广场成了大妈们跳广场舞的娱乐圣地了。

最后一次居住环境变迁是因为父母工作调动，举家搬迁到了聊城市，此次搬迁后的居住环境已经大大改善，小区居住环境属于联排的小楼，位于聊城经济开发区。小楼前边是每家每户独有的小花园，可以种花花草草来点缀周围的景色，也可以种纯天然的绿色蔬菜。小楼后面是统一建设的车库，可用来停放自家的车辆。从小楼正门进来就是客厅了，楼梯边是一个卧室，父母则居住在一楼的主卧里，客厅也有落地窗，能看到对面的小花园。客厅挨着厨房和餐厅，二楼和三楼都有卫生间。整个小楼都是地暖，厨房也都是用天然气做饭，上下水都很方便。出了小区就有供人休闲娱乐的公园，也有购置生活用品、蔬菜瓜果的便民超市。直达市区中心的交通工具也非常便捷，网上购物的快递服务都是直接上门服务。我们的衣食住行之所以都能满足，这得益于国家的经济发展和改革开放，让我们老百姓真正过上了好日子，也是因为生活在这片土地，我才能切切实实感受到国家的进步、人民的安乐和国泰民安。

　　从最早的平房到现在的楼房，我们祖国的面貌日新月异，也是基于我们党的政策的引领和人民的积极进取，用现在的话说，幸福都是奋斗出来的。人居环境的变迁是伴随着国家经济的发展而发展。也许我们国家现在还有一些问题仍未解决，但是我们的国家一直在进步，空气环境得到了改善，城市建设也逐步完善，绿化面积逐渐增加。我相信，我们的生活将会更加美好，愿我们能与我们的国家共同进步，携手共创美好的家园。

自然与社会学视角下的人居环境反思

受访者：吕永龙

什么是人居环境？住房环境只是一方面，周边的自然环境、人文环境和社会环境也是不可或缺的组成部分。

我在农村生活过，在地级市、省会城市生活过，在首都北京生活过。这些年我们的国家无论是农村还是城市，从家庭的住房面积到住房质量，再到整体的居住条件有了极大的改善，当然也包括我的居住条件。

我的家乡在安徽，在我小的时候，那里很少有砖房，都是用麦草做的草房。现在非洲、欧洲也有不少，因为它冬天保暖，夏天又凉快。但是在我小时候并没有考虑这些，盖草房主要是因为没有物质条件来盖砖瓦房。逐步地，大概在20世纪70～80年代，我上中学和大学的时候，房子才改成部分是砖瓦型的结构。我印象特别深刻的是我们有几种做土坯的办法。一种是直接从田地里挖出土，把里面的土坯打上来，晒干后盖房子，这是完全土坯的。另一种形式是有地基的，石头和砖垫在下面，上面部分往模子里面放土，人工夯实。

从居住环境来讲，当时确实很简单，社会也很单纯。各家各户门都是开着的，相互之间串门也是很正常，交流也不会有特别戒备的心态，彼此无论认识或不认识，只要一招呼就很淳朴自然地玩起来了，这种环境下的生活对小孩子来讲，快乐无比。那时候的孩子没啥玩具，大自然就是最好的玩具，稻田里玩、山林里玩，男孩子打仗冲锋，女孩子跳方格。小孩子的想象力很丰富，具有很强的创造性，玩的方式多种多样，比如利用各种形状的小石子就能创造出各种规则的游戏，现在想起来都会觉得那时候的孩子个个都是天才。

1979 年初中毕业时，考中专在当时是最时髦的，虽然我当时考的成绩比初中升中专的录取线高出 20 分，但还是把我分配到了现在全国都有名的毛坦厂中学——当时是六安县的重点中学。在毛坦厂中学上学的那两年，是我独立生活后最艰苦的时期，但那个时期对我毅力和自理能力的全方位锻炼和培养让我受益终身。毛坦厂镇是安徽省大别山地区三县交界的地方，交通不便。那里有个山叫鸡皮岭，是我回家的必经之路。我记得一到冬天，大雪封路无法通车，我就得自己爬坡，走好几十里路回家。在离家来到毛坦厂上高中之前，我没有洗过衣服，来到学校第一个月的时候，我攒足了一个月的衣服回家一趟，后来父亲坚决不让我回去了，于是我就自己洗。洗衣服要到河里面去洗，或者从井里面打水来洗。山区的水碱性大，水硬度很高，第一次手洗衣服我手都洗烂了，这点印象特别深刻。环境改变了我，让我在一个相对独立的地方，在没有依靠的情况下，慢慢成长。

1985 年我考到北京上研究生，小时候在南方到了冬天冻耳朵冻手的回忆让我对北京冬天的暖气心满意足。毕业后我来到中科院工作，最初住的是筒子楼，整个楼道放的全是煤气灶，一到做饭时间，楼道里弥漫着各种香味。后来结婚了，住房条件也逐步改善，但还是合住的房子。有一次，我们长期合作的德国专家在到我们这些中国朋友家做客之后，他说他发现他去的所有的中国人家房子都不装修，只是简单的白灰墙，水泥地。他问为什么？我回答了直到现在我都认为是最好的一个答案——中国人的房子是政府分配的，是随着家庭结构、工作年限、职位职务等条件不断调整的，是暂时性的，所以一般来讲不会去装修。但实际上，当时能分到房子住就不错了，哪有什么钱装修房子，也没有装修这个行业。那是经济条件使然。

以前住的房子虽然条件不比现在，但给我的印象是深刻的，这些年随着经济的快速发展，同时伴随城市的扩展，人们的居住环境发生了巨大的改变，这些改变在极大地改善着我的生活的同时，有些现象也值得我们反思。

房子越大越好吗？随着收入水平提升，人们对大房子的需求更大了。我记得在 21 世纪的最早期，我赶上了国家福利分房，中国科学院支持 45 岁以下的研究员搬进人才房。那个时候面积特别大的房子反而没人要，一是觉得只要根据家庭情况选择就好，没必要盲目选大的；二是如果超面积就要付费。当时人们的理念和住房管理制度都让人们选择适宜的住房。

生硬的城市功能分区适合吗？我记得在以前污染没那么严重的时期，工业区跟居住区是相对混杂的。后来企业数量增加，规划思路就变成划分泾渭分明的工业区、居住区、娱乐区和行政区等。这样人为的功能性划分，使得通勤距离加大，各区域在一天中只有阶段性时段的人流，其他时段一片沉寂，没有丝毫活力。我认为这不能算是成功的城市发展模式。

配套设施极端地集中于城市有利于社会的发展吗？人居环境中最重要的还有配套条件，包括教育设施等。在这里举个例子，大家一定知道英国和美国很多一流大学本身就是一个小镇，他们离市中心相对比较远。比如耶鲁，需要从纽约坐火车两个半小时，康奈尔大学校园也是，很远很偏僻的一个地方。但正是这些著名的大学，带动了当地的经济，提高了当地居民的素质，也就自然而然地改善了居住环境。所以我常想，我们国家是不是可以把优秀的教育资源和基础设施，分散型地分布，让更多的居民真正地享受这一类的资源所带来的人居环境的改变。不仅仅是教育资源，引入优秀企业也不失为一种可行的方式，有筑巢引凤的作用。所以人居环境，只算住房面积是远远不够的，它包含了社会、经济、人文各方面的内涵。我们呼唤着好的人居，是要呼唤一个公平正义、乐观积极、安全友好的社会人文环境。

满眼高大上是我们需要的吗？人居环境好，是把各种各样的生活所需的配套设施真正地让大家触手可及。现在的城市更新，在我看来有些追求高大上了，比如原来家门口的小五金店被取缔了，原来出门就能买到的小商品，现在一定要到大超市或者建材市场才能买到。真希望那种麻雀虽小五脏俱全的小店还能继续发挥它不可替代的作用。

现在让我回答一开始我提出的问题，什么是人居环境？我理解人居环境不仅仅是物理环境，它还是人们心理的和生理的全方位的环境感受。

武汉光谷一带的发展反思

受访者：马辉民

　　我是土生土长的湖北人，家乡在离武汉很近（大约 100km）的仙桃市，原来叫沔阳县，属于江汉平原的核心地带。家乡村庄的布局基本上是村子前后各有一条河（或者是一个水塘）。20 世纪 70 年代末 80 年代初的时候，农村的生活很贫困，但是对于我们来说，村子前后的小河为我们提供了充足的食物来源，每条河里都能很轻易地弄到鱼。菜紧张的时候，可以拿网去河里捕鱼吃，让我们不觉得生活的艰辛，也让我知道什么是名副其实的鱼米之乡，这是我印象最深刻的。可是随着家乡的不断建设和发展，村子里很多水渠陆陆续续被填埋，工业的发展使村庄环境逐渐恶化，河里浮萍越来越多，很多小时候随处可见的小鱼小虾慢慢不见了踪迹，鱼米之乡失去了原有的风貌。好在人们的环境保护和可持续发展的意识不断增强，开始退耕还渔，在原来填湖造田的地方，重新挖鱼塘，并在国家美丽乡村建设的政策引导之下，开始了大力度的治理，小河里的水又开始慢慢变清澈了，自然环境也慢慢好转了。

　　小时候住的房子是用村里自制的青砖和红砖砌成的，坐北朝南，中间是堂屋，左右两边各有两间房，后面是用没有烧制的半成品砖和稻草做的厨房，爸爸、妈妈、祖母、兄弟姐妹共 7 个人一起生活。我从初三开始住校学习。初中和高中的宿舍条件比较差，三四十人住在一个大教室改造成的宿舍里，上下铺的单人床，一不小心还会掉到床下。后来上大学 6 ～ 8 个人一个宿舍，晚上 11 点钟准时停电，武汉的夏天没有电风扇根本睡不着，那时候条件比较艰苦。

沔阳县风光

从上学到工作，我在华中科技大学已经有 30 年了，对这里的变化也是最了解的。住在华中科技大学，要搬好几次家，最开始单身或者刚结婚时要住教工宿舍，教工宿舍跟学生宿舍一样的，10 多平方米的小房子，可以放一张单人床，一个书桌，有公共卫生间和公共澡堂。成家后开始申请学校的鸳鸯楼——两家共用一道入户门，进去以后有两道小门，这就是自己家的小门。小门进去以后套型是比较完整的，包括卧室、厨房、卫生间，但是没有厅，没有小孩的小两口一般住在这里，这种户型也算是比较独特的、适应当时生活需要的户型了。在进入学校三年后，我有资格申请更好的房子了，于是我申请了一套二室一厅套型完整的房子，大约六七十平方米，一个小客厅、两个卧室、卫生间、厨房。

1998 年国家开始房改，作为给教师的福利，允许高校职工享受经适房的政策。当时在每个月只有 700 多块钱的工资时，我鼓足勇气，贷款买了价值 27 万，180m^2 的大房子，这一住就是 16 年。我的小孩在这里长大，马上要出国读书了，大房子顿时让人感到空荡荡的没有人气，我和妻子在学校旁边买了个小户型，家庭的不同阶段需要不同的房子，大房子也不一定一直适用。

在华中科技大学居住的这 30 年，除了自己居住的房子发生了变化，变化最大的其实是华中科技大学周边的环境。不管是城市建设、公共服务、医疗设施，还是交通等，变化都太大了。武汉以前分为汉口、汉阳跟武昌，在我刚到华中科技大学上学时（那时还叫华中理工大学），这里还相当于乡下。从武汉大学往我们学校这边走两站路以后，路的两边就都是菜地了，路也都是土路。

而快速的发展，很大一部分原因是因为武汉光谷的建立。武汉光谷的建设依托于两个学校，一个是武汉邮电科学院，是中国做光纤光缆最核心的研究所，另一个就是华中科技大学。所以 2002 年武汉光谷的概念一提出，就带动了这周边的整体发展，再加上武汉光谷周边高校聚集，芯片产业、生物产业、软件产业等新兴产业基本都落户在光谷园区，高学历、年轻化的人口快速增加。人口的增加使相关的配套设施也在急速发展，地铁和隧道的开通，使公共交通和私家车出行都很便利。同时这周围临东湖，环境优美，有东湖绿道的二期，还有武汉市最大的城内森林公园。另外还有公共服务设施的配套，比如原来的小学只有光谷一小，现在小学已经有二十几所了。目前这周边的幼儿园、小学、中学都是光谷地区最好的学校，高中也是省里的示范高中。学校的附属医院——同济医院的落户，也使这周边的医疗服务设施更加完善。如今武汉光谷片区已自成一体，以前的"乡下"现在和"城里"一样了，并且这里显得更加年轻而有活力，围绕青年人生活习惯和需求的场所数不胜数。如此的硬件和软件设施的配套，使得武汉光谷极具吸引力，吸引了大量的人才，而这也同时促进了地区的发展，是非常有代表性的发展模式。

武汉光谷地区

30 年的发展可谓翻天覆地，我们经历并且某种程度上参与了这场城市的快速发展。特别是最近几年互联网技术的发展，也让我们的生活变得更加便捷。比如从今年开始，武汉市开业了很多如"菜鲜生"的生鲜店，在线上订购生鲜类商品后，第二天就可以到家附近的店里提货。既满足了人们网上购物所要求的便捷性，也满足了人们线下店面所要求的真实性。不过我现在在想，如果把无人售货技术加进去，到店自提货物，对于不满意的还能现场退换货，这样就更好了。这两年新技术太多，我也期待着更多的人工智能技术能提高我们的生活品质。

最后想说一点，快速发展的新园区与学校亟待保护和修缮的老校区形成了鲜明的对比。学校有一大批20世纪50年代建起的老楼，一部分有纪念意义的老楼已经被保护和修缮，但还是有很多老楼不知如何处理，还在思考到底采取什么样的形式。国外有很多历史建筑重生的案例值得我们借鉴，但是考虑到中国国情和学校的具体情况，就需要具体分析了，不可照搬国外的做法，这其实也是我们在旧城改造或者既有建筑改造中面临的难题。这些现象也在不断提醒我们，老城的活力再生是城市发展过程中必须要重视的环节，而新城的规划建设需要重点思考如何避免在未来出现目前老城的种种问题。

上海老城厢居住变迁

钱洁艳

　　小时候，我在上海南市区（后改为黄浦区）的江边码头长大。那里紧挨着上海著名的历史旅游景点豫园和城隍庙，还能看见明清时代留下来的古城墙片段大境阁——如果现在跟别人说，上海是个有城墙的古城，恐怕没人能联想起任何场景——但我的高中"大境中学"最早的校址就在大境阁边上，因此有幸瞻仰古城墙的真容——那是一片葱茏绿荫下很短的城墙，绿树成荫分外安静，走在其下仿佛可以听见历史的涓涓细流从耳边淌过。

绿荫下的城墙

　　后来，我在大学学了城市规划，工作中又遇到昆明这样的城市，才对城市的演变有了更具体的认识。昆明的青年路是一条围着动物园的环形的道路，东侧便有很长一段古城墙的遗迹。而更多的城市里，封建时代的城墙则在新中国成立的初期被完整地抹去了。和昆明的青年路相仿，上海旧时的城墙是一条叫中华路的环形街道。有个公交车11路就绕着这个圈开，会路过老西门、小东门、小南门和四牌楼弄这样很有趣的地名和站点。仿佛城墙和城门都还在似的。虽然南市区有上海最老的城厢，但到了战争时期，却没有一片被划进租界，反而因为它挨着黄浦江，有江边码头又有最早的火车站"南车站"，成了难民和外地人到达的第一站，也成了外乡人聚居的地方。《情深深雨蒙蒙》里依萍说："日本鬼子的飞机把南车站给炸了"，炸的就是我家隔壁的南车站路。我的爷爷奶奶就是在抗日战争结束后从苏州来到上海的。因为没有租界的痕迹，又有大量"低端人口"的聚集，所以和静安、卢湾、虹口区这些上城区渐渐拉开了差距，南市区有了"下只角"的坊称，意为肮脏不入流的地段。

我就出生在这"下只角"里，我们的弄堂里有"山东帮"、"宁波帮"和"小福建"的小部落，皆因不同省市的外乡人聚居在一起形成这样的坊名。说是叫弄堂，但和租界里的里弄比起来，档次要低不少。我家的半淞园路659弄都是没有章法、居民们自己盖的小楼。我家有两层，但上下加起来一共不过30平方米吧。楼下爷爷奶奶住，楼上住着爸妈和我。我家的房子和对面邻居家可能只隔了条4米宽的路。街坊里还有一家化工厂，经常发出刺鼻的味道。我之所以记得门前的路大约4米宽，就是因为这厂里偶尔还需要进出面包车和小卡车，虽然一路龟行，但好歹是开进弄堂里了。这些胡乱搭建的房子形态各异，有的明显是在别人盖好的房子顶上又加盖的危楼。印象中最深刻的当属初中同桌李某人的房子，去他家玩好像要走过华山天险索道——老木料做的室外楼梯挂在铁质的水管上，至少呈50°角悬空在天上，爬这个楼梯人是呈仰视状态的，得死死抓着光溜溜、水管一样的扶手才得以前行。同行小伙伴前后还需得隔开点距离，不然前面爬上楼梯、仰着身子的人很可能会压到后面跟着的那位。

弄堂虽然很挤，但小时候并不觉得。最窄的弄堂可能只有80公分宽，一边的楼梯下堆满了烧煤炉用的柴火，但走到尽头有一棵硕大的无花果树，给人豁然开朗的感觉。再往前走，那里的地标是一个关着"智障"哥哥的牢笼。这个"智障"哥哥眼睛没长对称，应该还是脑瘫患儿。他被父母用铁链拴在这个装着铁窗的棚屋里。小朋友路过那里总是想探头张望或在窗下小心翼翼地吼两声。会作怪的孩子甚至还往里扔鞭炮，就是想看看这位"卡西莫多"到底出不出现。由于大家神神秘秘又不甚友好的刺探方式，我一直以为里面关着个十恶不赦奇丑无比的怪物。后来有一次独自路过了，看见他在吃饭，才发现不过是个眼睛清澈、会憨笑的傻哥哥，顿时跑到一边流起了眼泪。心想，他不至于被铁链这么拴着，还要被大家那样欺负。

穿红白衣服的行人是我的娘娘（爸爸的姐姐），这串绿色的植物后面就藏着最窄的、堆着柴火的弄堂，那是从我家去她家的捷径。

照片的前景里（奶奶站着的地方的对面）是一个小广场，经常有叔叔伯伯聚在一起打露天麻将，到了晚上大家都对着一户的电视机排排坐、纳凉、吃西瓜、看电视。可以看见自来水在社区形成以后才通的，所以家家户户的水斗都在户外，排水也是明沟。阳台上、花园里经常冒出来丝瓜、黄瓜这样的作物，看上去没什么章法，但却很有生活气息。

弄堂里还有其他特别的地方。集体倒马桶的阴沟洞，"唰唰唰"刷马桶声是早上叫醒我的声音。弄堂口还有可以取水洗衣服的自来水取水点——当时并不是每家每户都通水通电的。平行的隔壁那条弄堂可以通大车，于是那里白天变成了菜市。运输困难的鸡鸭鱼市在最外面沿大马路的地方，下来是菜市和瓜果市，再往里就是零食、蜜饯、日用品了。每天早上，这条菜市街里，有我最喜欢的柴板馄饨、咖喱牛肉粉丝汤、麻球、糖膏和油墩子。现在想吃这些东西，我都不知道该上哪找了。但以前，他们都集中在菜市末端20米的范围内。

沿着半淞园路的弄堂入口处就是集中的取水点。背后可以看到工厂和居民区混杂在一起的状态。有一晚这间工厂失火了，那一夜大家都很担心火势凶猛，会不会连片地烧起来，还好最后有惊无险平安度过了。

总之弄堂于我，是一个充满乐趣，有邻居看着可以疯玩疯跑的街区，也是一个装着许多暗戳戳的角落，适合玩捉迷藏的地方。

这样的日子到了1999年，我13岁的时候，拆迁队来了。因为我都长大了却还没有独立的房间，我家没怎么商量就拿补偿款去浦东买了最早的商品房。当时的老邻居关系都很好，说要不要买到一起。结果老房子的隔壁邻居真的变成了新房子的隔壁邻居。两家互相照应，关系一直很好。

再后来，我辗转到荷兰学习工作了四年，又在印度工作了两年。我被公司外派到孟买负责一个楼盘的开发。两段海外经历里，给我更大震撼的还是印度。公司为我们安排了"只有0.01%"的印度人才能住得起的"山景豪宅"作宿舍。虽然硬件上类似国内一般的高楼大厦，但这里的邻里关系要亲近很多。差别就在于社区中心（物质空间）和业委会对社区的运营（服务配套）。印度也有各种地域帮派，比如 MAHARATI、GUJIRATI，当然也有种姓的成分在里面，但有经济实力住在同一个小区的，种姓上相对统一。每到节庆，业委会就请来专业办 party 的公司大操大办来搞庆典。雨季过后的 9 月到 11 月，几乎每两个礼拜就有一次大型庆典。小区里的多功能厅是个玻璃盒子，连着一片大广场和观演台阶，庆典时厅里有免费的自助餐拿，外面则是载歌载舞、锣鼓齐天的热闹景象。小朋友、青少年、成人各有各的编舞，每次看印度人跳舞都忍不住想加入，因为实在太欢乐了。由此，邻里之间很快就能认识。平时，业委会还鼓励有特长的居民利用多功能厅办各种培训。我们的社区里早上有晨练班、瑜伽班；晚上有体操班、跆拳道班、街舞班。透过透明的多功能厅看到大家的活动，虽是异乡人，但住起来却很有家的感觉，很安全、很舒适，是非常独特的体验。印度的房产商在物业交付的 2 年里，由物业公司管理，其后，当住户超过 50%，业委会就有权接管物业的各项工作，也可以聘请别的物业公司代为管理。这个过程中有非常民主开放的一面，才使得社区运营可以做得这么好。我们国家虽然纸面上这么写，但物业和地产公司的利益捆绑之深，很难使业委会行使实质的管理权力。

我们居住的老弄堂的入口原址，现在变成了上海第一代豪宅耀江花园的入口。基本上没有残留任何能勾起回忆的东西。

在游历了欧洲、东南亚和在印度常驻以后，我觉得和世界上的其他地方相比，我们的社区还是冷淡了点儿，街道也越来越冷冰冰。2018 年政府大力拆违拆店，赶走了许多小商贩。上海最早的吴江路是个仙气缭绕、美食如云的地方；云南路的传统美食一条街、武康路的洋酒吧一条街也是。可现在，原本就不多的烟火气更被赶尽杀绝了。前几个月北京又出台了一个政策，进一步压制小吃和现场加工的食物。我同意刘鹤总理的观点，一刀切的管理不是管理，是懒政。

作为城市规划的从业人员，我们的控规经常将用地性质生硬地割开，不利于复合的、多样的建筑空间产生。城市交通性主干道和生活性主干道也常常傻傻分不清楚。经常可以看到商业用地被规划在城市快速路或交通性主干道的两侧，这可真是太不好了。

总之，作为一个设计师，我是一个偏感性的人。我希望我们国家的规划中，能再多一点人性化的思考；也期待我们国家的人居环境，能多添一份暖人的烟火气。

居住变迁带给我的思考

尚春静

我是一名 70 后人，因为父母工作的原因，直到上高中前，都住在校园里。校园区由一栋栋平房组成，中间几排平房是教学用房，四周是教师住宿区、学生宿舍区和食堂，房子与房子之间是原生土地，房子旁边有少许树木。正对着学校校门的主路是石子与碎砖铺成的路。房子的四周种着零星杨树。记得每年学校活动时，全班、全年级甚至全校学生站在太阳普照下的原生土地上齐声共唱"没有共产党就没有新中国""我爱您，祖国"等歌曲来表达对中国共产党、对国家满满热爱。

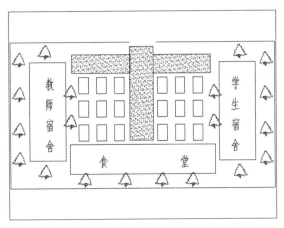

学校布局

随着求学和父母工作地点的变动，我的生活环境也发生了多次变化。高中时也就是到了 20 世纪 80 年代末，我家搬进了一个家属小区。小区是由四栋房子围成的一个小院，有两栋楼房，我们居住在南边的一栋 6 层楼房里，北面正对的是三层办公楼，东西两侧是平房。院子里是被人走实的煤渣地（烧结煤渣洒在自然土地上），零星几棵杨树点缀在院子中央。当时，我们一家 5 口居住在 3 层建筑面积为 70 平方米的三居室里，内装修是水泥地、白墙，南北方向各有一个室外阳台，卫生间放在北阳台外，南阳台放置了养鸡、兔的笼子。一进门左手是淋浴间，简易龙头，没有像现在一样的固定浴盆。该住宅楼外墙和内部厨房如下图所示，2014 年已经拆除。

20 世纪 80 年代的房子外墙　　　　　　　　厨房一角

　　20 世纪 90 年代末，硕士研究生毕业后我留在北京工作。先是住在单位位于西三环北洼地的简易平房宿舍里，一张简易床，洗漱在宿舍外的小院子，厕所是北京老四合院的共用厕所，没有厨房，就在院子里用电炉或煤气罐做饭。后来因为工作需要，租住到北京航空航天大学西边后院的私人住房的一间 8 平方米厢房里，南北向都有一个不大的窗户，厨房、卫生间都在院子里。冬天用煤炉和烟筒，自己买煤烧煤取暖；夏天用风扇，没有空调。后因收入的提高，希望改善居住环境，我租房到了靠近地铁的北京新建楼盘——北京鲁谷小区，当时的房子是新建的跃层。房子是钢筋混凝土结构，业主装了空调，夏天用；小区冬天集中供暖，暖气片分布在墙体上。到了 21 世纪初，因为住房改革和收入增加，我们购买了人均 40 平方米的商品房，剪力墙框架结构，当时供暖设计采用集中供暖、分户计价模式，但 10 多年来一直没有执行分户计价，还是按照每平方米建筑面积的供暖费用计价收费。此时，小区的人文环境较好，交通由于靠近西直门很是便利。

北京靠近西直门的住宅区，2004 年建，摄于 2019 年 8 月 8 日

　　2011 年因为北京空气质量较差，我调动到拥有蓝天白云碧海的海南大学工作。在海南工作的第一年，首先租了海南大学南校门的房子。这几年周围变化不大，变化的只是少许道路硬化了、卫生条件稍微改善了和有些家装了空调。刚到海大时，白天、晚上在路上行走，可经常看到一只只硕鼠在路上不急不忙穿行。带翅膀的蟑螂一到晚上四处飞行，那一个不习惯！心里安慰自己，这就是 60 年代的知识分子下乡支援建设吧。

摄于 2019 年 8 月 海南大学教职工家属楼的南北面，20 世纪 80 年代的房子

　　后面搬到学校新建住宿区（离海边就有 5 分钟的走路路程）居住，当时新建时，人流量不太多，仅有海大教职工常驻。学校住宿区周围的几个楼盘基本

都是只有冬天有些许房间的灯会夜间亮起来。夏天晚上，就剩下我们的住宿区亮灯，在一片房子里让路过的人不觉得孤独。整个社区周围没有任何便民设施，如小商店、过早店。近 3 年小区周围楼房入住人口逐渐多起来，周围的公交也逐渐完善起来，但小区内规划、绿化、遮阳设施仍然不够。

海南大学靠近海岸的 2010 年后新建住宿区，摄于 2019 年 8 月

从小时候到现在，显著的生活环境改变有两次。一次是青年时从夏热冬冷地区到位于寒冷地区的北京求学及工作，另一次是从寒冷地区的北京转移到热带北部边缘气候的海口工作。

从夏热冬冷地区到位于寒冷地区的北京，给人印象深刻的是北京冬天室内很暖和、宽阔的道路四通八达（那时候北京道路并不拥挤，没有多少车，很适合骑自行车）。同时，秋冬的风沙有时能吹得满嘴沙子，记得有一年秋天在北京西城区三里河办事，一阵大风吹来，沙子穿过一层纱巾打到面部（为了防风沙，特意在头上围了纱巾），鼻沟、眼角全是沙子。尽管如此，我仍然感觉 20 世纪 90 年代北京的人居环境是宜居的，抬头可以看到蓝天白云，低头可以看到宽宽马路上些许金黄色落叶。记忆中，20 世纪 90 年代的北京夏天教室即使没有空调也凉爽舒适。

而从寒冷地区的北京转移到热带北部边缘气候的海口工作，海口落后的交通和基础设施（海南大学每次 20 分钟至半个小时急骤雨后的涝灾）给我留下了深刻的印象。另外，海南长时间的高温和太阳辐射让人白天在路上行走困难。

而且由于 5 月至 10 月的台风季节，整个路上茂密的大树很少，校园里、城市里主要是细长的椰子树。椰子树的遮阳效果微乎其微。海口市的公交线路规划也不是很合理，开车 20 分钟能到的地方，坐公交需要 50 分钟（为了人流量公交线路绕行太多），效率太低。

现在回想这几个地方的居住环境，20 世纪 90 年代末、21 世纪初北京的学院路、中关村南路（到图书馆）绿树成荫，居民区的规划建设都是宜居的，既不拥挤，交通也方便，非常适合居住。

但海口就差一些了。第一，欠缺整体规划，每一个开发商拿一块地（甚至 2～3亩），就建一座 3 万～4 万平方米的商业住宅，没有层次感。第二，整个城市的卫生环境让人担忧，如小蚂蚁、蟑螂生命力旺盛，最近这些年老鼠少了些，但蟑螂、蚂蚁随时随处都见。街头巷尾的垃圾箱也没有垃圾分类的明显标志，这与海南生态优先发展的战略建设目标极不相称。第三，台风暴雨季节的雨涝积水在海口全市处处可见。海南唯一的 211 大学，下点雨就成了汪洋大海。第四，现在的城市道路、小区为观赏而绿化，不考虑生态环境功效。人行道上过多的硬质铺设，使地表水无法自然渗透到地下，滋养土壤以及各种微生物；道路中间的花盆建设，只注重了美观。最后，不少小区和道路两旁草地、绿地开阔有余，但遮挡阳光的功能不足，在热带夏季的炎炎烈日之下，无法满足人们避暑纳凉的需要。这样的环境绿化，不仅无法形成正常的乔木——灌木——草组成的植物群落和生态循环链，同时还减少了人们在户外活动时与大自然接触的机会。

2018 年 8 月的一场雨

由于工作原因，我在美国和德国生活过一段时间。感受比较深的是两个国家能源利用的高效和对环境保护的注重。2016 年我在美国密歇根州和纽约州，这两个州的公共建筑和私人别墅装了集中供暖，通过调温器控制室内温度。较于欧洲英德等国，美国更早注重居住环境的舒适性，1903 年，美国第一座空调建筑出现在布法罗（Buffalo，美国纽约州西部伊利湖东岸的港口城市）。

第一座空调建筑

2018 年因为访学我在柏林生活了一阵。柏林的公共建筑极少有安装空调的，冬天有暖气，所有的窗户都是双层窗户可以开启。小区、大街随处可见已有一定年龄的大树，容积率低、高层建筑较少。较于美国，德国等欧洲国家更注重环境保护与节约能源，下图为位于德绍（Dessau）的德国环保署的行政楼，冬天没有供暖，夏天没有制冷，依赖自然采光和通风就能很好地调节室内舒适度。

位于德绍（Dessau）的德国环保署的行政楼，
采光通风、市内绿化，摄于 2018 年 11 月

我国经历了改革开放 40 年，经济基础有了一定发展，在原来的经济节约基础上，人们对生活环境、生活品质有了更高要求，比如居住的舒适性、美观性和安全性。20 世纪 90 年代前，北京很少利用空调来解决夏天湿热的问题，仅仅依赖自然通风、机械风扇来缓解热湿；90 年代后，空调和混合通风逐渐进入办公场所和家庭。进入 21 世纪，人们除了关注经济与能源，更考虑到气候变化与可持续发展。在满足人体舒适性的同时，注重节约资源成为我国城镇化进程中改善人居环境密切关注的内容。随着全球气候变化和各国经济发展，世界各气候区的人居环境正经历自然环境、经济环境和人文环境的变化。以人为本，注重人和自然、生态、社会环境的协调发展，是世界各国城市和乡村发展的终极目标。当现代建筑越来越密集，从钢筋水泥丛林中穿过的一缕阳光和习习凉风显得非常珍贵，小区内的小气候引起人们的高度重视，人们开始关心在周围建筑物遮挡和建筑物自身遮挡的情况下，究竟自己能实实在在接收到多少阳光，能吸收到多少新鲜空气。因此，必须根据不同气候区的环境特性，制定具有差别性的居住环境建设指标，诸如根据不同气候区室内外温度、湿度、太阳辐射、风向等，进行精细化设计与运营，满足人民日益增长的居住舒适度需求，同时解决与资源、能源节约之间的矛盾。

助力家乡变化，改善人居环境

受访者：斯娜卓玛

　　我叫斯娜卓玛，可藏区卓玛太多，支教老师给我取了一个不一样的名字叫陈春燕。我的家乡在云南省迪庆藏族自治州香格里拉市小中甸镇阿央谷村，那里有丰富的自然资源和淳朴的人民，是一个非常美丽、充满藏族风情的小村庄。

　　很小的时候我就随父母来到了香格里拉，香格里拉的意思是心中的日月。小时候的香格里拉物质和文化生活都比较匮乏，当时街道很窄，车少人也少，没有菜市场和商场，买东西很不方便，特别是买不到蔬菜，我们基本以肉食为主，喝酥油茶。那时也没有什么文化生活，我记得我家是全村第一个有电视的，当时在播西游记，全村的人都来我家看。我永远记得那时人们看到电视机的惊奇和喜悦，我也还记得我在香格里拉看第一场电影时的心情，简直兴奋的难以言表。

　　随着经济的发展，特别是 2000 年改为香格里拉市开始发展旅游业后，香格里拉发生了很大的变化。但现在香格里拉依然保持藏式为主的建筑风格，统一规划、统一建设，所以现在香格里拉也没有高楼。旅游业的带动使人们的生活发生了翻天覆地的变化，商品变得十分丰富，可以在超市买到各式各样的蔬菜；涉及民生的医院、学校、剧院等也日渐完善，人们有更好的福利和更多的学习机会。互联网的全覆盖使信息越来越通畅，让更多的香格里拉人认识了世界，同时也让世界认识了香格里拉。现在每年来香格里拉国内外游客众多，同时也吸引了很多外地人来做生意，香格里拉在世界也享有了盛誉。我们赶上了新时代，赶上了国家的好政策，心里由衷地感谢。

虽然在香格里拉长大和工作，但我心里还是惦记着我的家乡小村庄阿央谷。阿央谷目前只有 36 户村民，每一家都建了实木藏式两层民宅。藏族人很讲究住房，两层的藏式民居底层养牲畜，上面住人。村民们基于一定要建最好的房子的传统思想，采用传统的纯手工建造工艺，榫卯结构让传统的藏式民居结实耐用，传统的室内装饰金碧辉煌，具有浓郁的藏式风格。同时，很多人家都会挂毛主席和习主席的画像，足以看出国家对藏族人民的优厚待遇以及藏族人民对国家的感恩之情。例如在教育上的支持，政府要求每个孩子要完成九年义务教育，发钱发粮食来鼓励和帮助藏族儿童上学。

阿央谷的村民还是比较贫穷的，藏族的信仰和传统思想让他们肯花钱修建房子，对自己的生活却十分节俭，生活质量并不高。作为走出村子的阿央谷儿女，我心里一直惦记着它，我尽自己所能把外界好的思想和理念带回去传播给大家，并为村子创造更好的生活条件。比如国家在倡导的"厕所革命"，由于文化和生活习惯的不同，阿央谷的藏民其实并不认可，我还要一点点地给他们解释；我把大半辈子没出过村的老人家带出来带到昆明，让他们大开眼界；我在2013 年向政府申请资金给村子修了路。我还在不断挖掘阿央谷的丰富资源，我在村子开展种植业，种植藜麦、青稞和收购松茸，我想带动全村人特别是村里的年轻人，让他们到我的农场来打工和学习，让他们从物质上到精神上都富裕起来。

藏式民居院落一角

在建的藏式民居

房子面积都很大，一家人住很宽敞。

金碧辉煌的经堂

藜麦种植农场

阿央谷这几年的变化还是很大的。路通了，从村里到镇里只需要 10 分钟的车程，再到香格里拉也只需要 30 分钟，而我们的小中甸镇也即将要通高铁了。现在家家户户都有摩托车，好一些的家庭有了汽车，出行方便多了；现在也有了自来水，以前要到很远的地方背水，因为藏民家里最神圣的是水缸，水缸是不能空的，现在山泉水入户，方便了很多，污水排放管道的地下埋管也都引到各家了。现在的基础设施条件越来越好，我也想好好利用每家盖起来的藏式民居，让更多的人来欣赏阿央谷的美丽，感受藏族风情。

经济的发展不能建立在破坏生态的基础上。现在的阿央谷很纯净，自然景观丰富，人、动物和大自然和谐相处，经常可以在路上遇到牦牛、马、藏香猪等动物，趣味十足。这一切好的资源是不可复制的，我不想看到阿央谷走很多村庄重经济轻环境的发展道路，阿央谷需要有序的、合理的开发和利用， 这也是我最想推进的事情。

从乡村到城市，居住环境见证个人成长

唐元登

作为一个在中国南方和北方都生活过较长时间、感受过偏远农村居住环境、又正在经历着大城市居住形式大变革的 90 后，我希望通过建筑学的视角分享和对比我所经历过的居住环境，展示近 20 年中国人居环境的巨大变化和南北方的差异。

1996 年我在西南山区一个名为"花楼"的村庄出生，因为一系列的机缘，我先后在西安、沙陀（老家小镇）、云阳（县城）和北京生活学习过。所以我希望以时间为主线记录和分析这些地方居住环境的典型特点和发展变化。这既是对过往环境的怀念，也是希望通过回忆自我的成长历程，激励自己不忘初心、继续前进。

"暖暖远人村，依依墟里烟"，陶渊明在《归园田居》中如是描述隐居乡村的美好生活，这也是我对家乡美景的最真切的记忆。不论是屋顶青瓦间升起的炊烟还是雨后缥缈的薄雾，都透露着些许宁静和悠远的意境。彼时我并没有那份享受乡村美景的情怀，对外面的世界也毫无认知。我从未脱离过那片山沟，每天清晨看到的太阳都是从同一处山间冒出来的，甚至以为整个世界都是跟我们这里的环境一模一样。就在这种自我满足的环境中我度过了几乎整个童年时代，这片土地也给予了我很多美好的回忆。儿时乡村生活或美好或艰辛的回忆都与那几间土砖青瓦的传统小屋密切联系。

小时候从爷爷的讲述中寻找到了一些自己的根。山峦起伏是这里的主旋律，祖辈从远方迁徙至此，发现有一条珍贵的小溪和一片方便耕种的平地便在此定居下来。有血缘关系的一拨人会选择在一起建造房屋，以便相互帮助。接下来最重要的是搭建容身之所：稻田里的黄土加上稻穗搅匀，倒入预制的砖胚加压滤水，晾干成型便完成了最主要的墙体材料——土砖；青瓦也是采集当地的土烧结而成；建筑所需的木材则是采自屋后的大片森林。祖先能够在一片荒芜中生存下来就是因为懂得利用自然赋予的这些资源。

房前屋后的森林

原生态建筑

原材料、原生态建筑的好处在于更加亲切、自然。夏季在树荫遮挡和屋顶隔热的双重影响下，室内非常清凉。放一个躺椅在门墩旁，躺上去就能感受到微风拂面的舒适。由于平地稀缺，房屋大多依山而建，后墙紧贴山体，冬暖夏凉，视野开阔。七月白天太阳毒辣，早晨趁着月色很早人们便出门把上午的活都干完，等到九点温度急剧上升便收拾返回。坐在正屋的大堂里，几杯凉茶下肚，充分感受燥热之后的清凉和冰爽，这是农村人最幸福的时刻。我在十岁左右就开始跟着父辈干活，也深刻体会风雨之后的彩虹，这也是我在往后的学习生涯中一直贯彻的。在生活中自己悟出来的道理远比别人口耳相传的更加深刻。

清爽的感觉也会出现在七八月的傍晚，门前的一块平地是大人小孩活动的乐园。太阳下山的那一刻形成美轮美奂的彩霞，在露天的门前广场摆放一排凉席，大人小孩都躺在上面享受这美景，偶尔凉风吹来，大家都会迎着风往前倾斜身体。这块地方视野极佳，往前能看到层叠的山峦间渐渐消失的太阳；抬头往上，能看到夜幕中广阔无限的璀璨星空，往后，掠过屋顶，则会看到后山一片黑林子里闪烁的几点微光。大人会在一天的忙碌之后享受这宝贵的清闲，小孩会与同龄的兄弟姐妹玩各种游戏，诸如捉迷藏、跳绳、跳房子。

但农村生活终究是艰苦的，每一段收获背后都隐藏了无数的汗水。与门前平地相连的屋檐下的这片空间是艰辛的见证者之一，这个灰空间通风性良好，又能躲避暴雨，一年所需的生火木材都放置在此，需要定期更新以保证足够的柴火。在三米多高的地方又隔出一个平台用来存放土豆或红薯等作物。虽然这个地方似乎并不属于我们小孩，但是猎奇心总会驱使我爬上光滑毫无支撑的石柱子，然后双腿夹着柱子往下滑，也没少为这事被父亲暴揍，因为总是会把裤子轻松磨破，但仍然乐此不疲。

房屋的布局比较简单，堂屋连接卧室、厨房、存储室等空间。由于材料本身的性质不便于大面积开窗，整栋建筑的采光性都较差，靠近山体一侧的房间甚至一点光线都没有。停电的日子往往是最难熬的，除了堂屋是亮敞的，其他的活动都得依靠微弱的蜡烛。偶尔遇到柴火燃烧不好的情况，整个屋子就会弥漫着浓烟，作为添加柴火的人，我被呛到不停咳嗽，需要逃到室外缓一缓之后再回去继续干活。

这种艰苦的生活也许为人们想到外面的世界闯荡埋下了的种子，一旦时机来临便迅速破壳而出。2003 年作为长江上游水体保护区域，全县范围实行"退耕还林"政策，年轻人大量外出就业，从此开始了乡村的荒芜和没落之路。田地开始种上生长速度极快的桉树，劳动力外流，留守家乡的老人也一个个地离世，于是建筑久经风雨无人维护便濒临倒塌。

年久失修的建筑

我的父母也属于迁徙大军中的一分子。2008年，我随他们到了西安这个四季分明、拥有独特建筑形式的北方城市，在这里开启了我的逐梦之旅。虽然居住在市郊，但这里没有大山的隔绝，交通更加便利，与城市信息交流更加通畅，这里的世界完全打破了我之前的认识。那个时期的西安城市范围并不大，在市郊地区仍有许多人住着窑洞。我有幸亲身经历了这一北方传统民居演变和没落的过程。

在我看来窑洞是黄土高原最鲜明的传统符号，是当地人在贫瘠的土地上适应和利用自然的智慧的体现。由于缺水，植物难以生长，建筑木材稀缺，人们不得不采用原始的穴居方式，密实的黄土和稳定的地质使之成为可能。冬暖夏凉同样是它的主旋律，窑洞生活也伴随许多美好有趣的回忆。暖气尚未普及的年代，冬季采暖基本依靠烧炕。土炕的下方预留两个口，柴火从这里塞进去，但是柴火的量控制不当就会导致温度过高。偶有噩梦，半夜睡觉时会梦见自己被架在烤架上，后背皮肤似乎在忍受高温火苗的燎烤，实在忍受不住才醒来，发现炕被烧的太烫。于是把被子晾起来，全家人一起围着褥子用扇子给它降温。这个过程更多是个甜蜜的回忆，大家都睡眼惺忪，打着哈欠眯着眼睛，面面相觑之后突然爆发出不约而同的笑声。

窑洞属于真正的生态建筑，最初的窑洞建造不产生任何污染，更不用别的材料加固，自然防水性能就足够使用上百年，只需要在顶部挖掘出一条排水沟。陕西地区少雨的气候特征给了窑洞生存的空间。但是在持续多天大雨的侵袭下窑洞会变得潮湿，穹顶局部泥土可能会掉落。在窑洞的生活记忆就跟泥土掉落有着密切的联系。晚上在睡梦中被一块泥土砸中脸，第二天脸就肿起来，当时特别厌恶这种居住环境，害怕哪天会被掉下来的东西砸死，现在看来这也属于回忆的一部分，或苦或甜。天上掉泥有时甚至发生在吃饭的重要时刻，溅起的汤洒在脸上，气愤又无奈。但这些缺点仍然不能阻挡人们对它的热爱，冬季远离寒风的侵袭，夏季是唯一的冰凉所。

窑洞

这种居住环境在接下来的两三年里随着经

济的发展在逐渐改变。在窑洞的穹顶上嵌入红砖加强结构的承载力，表面再敷一层混凝土防止泥土掉落。但是再往后人们专注于盖新房，两三层的小洋房逐渐取代了原生态的窑洞。在杂草和风雨的压迫下，这种传统的住所被磨灭了棱角，渐渐躺在历史的灰尘当中。曾经一群小孩的屁股擦过院子里的每一寸土地，弹珠游戏留下无数的凹槽又被家长填平，如今只剩下阴森荒芜的一片草地。

新建的钢筋混凝土楼房虽然更加气派，夏热冬冷却成为一个严重的问题。虽然空调暖气可以解决，但泥土和自然的气息永远随窑洞埋藏在废墟当中，童年的美好回忆也一并消逝不复返。

在这里生活的两年是我学生生涯重要的转折点，从原来的大山里走出来看到更广阔的世界，同时认识到自己的局限。因此投入更多的精力和注意力在学习上，从一个厌学儿童变成一个老师和家长眼中的"好孩子"，而一直生活在山里的同龄人大多早早地辍学开始自己的打工生涯。所以我对这片土地满怀感激，曾经生活的窑洞充满了甜蜜的回忆，每个夜晚在月色的陪伴下写作业和背单词的场景依旧历历在目。

时间仿佛白驹过隙，两年弹指一挥间。由于父母工作的原因，我又回到了重庆老家，只不过这次不用回归山林，而是汤溪河畔鱼泉镇上。人们的生产生活方式都发生了巨大的变化——田地荒废无人耕种，原来朝气蓬勃的小镇只剩下老年人养老。整体环境在越来越多的人口压力下恶化，建筑侵占农田和林地，河流被生活污水污染。曾经清澈的汤溪河在逐年枯涸，两岸芦苇被混凝土堤坝绞杀，在某些人看来越来越城市化的小镇正遭受着严重的环境破坏。这种不正确的改造活动不仅仅发生在某一特定的区域，在全国各地都很普遍，这在我去过的城市如西安、武汉、宁波甚至北京都得到广泛的印证。河流渠化源于人们对生态的不正确认识和人类无节制的扩张活动，在一线城市已经开始改变了，然而小乡村仍然在破坏的道路上前进。

我的整个初中生涯都在这个小镇度过。事实上在我从北方回来之前这里就已经不是原来那个环境宜人的小镇了。在那些从小在这里生活的同学口中，我了解到原来汤溪河的美丽与包容。彼时并没有固定的河岸，随着雨季和旱季的变化河岸也在移动，岸边的芦苇就像晴雨表一样反映着河水的变化。夏季天气炎热时大人带着小孩集体在河里游泳，有时甚至能抓条鱼回家。珍稀物种"娃娃鱼"也是这里的永久居民，人们经常与之邂逅。但在短短的几年时间里由于大量新建楼房，河岸被填平，高大无情的堤坝阻碍了人们跟自然的亲近。生活污水直接排放到河流里更是加剧了河水污染和珍稀动物灭绝，人们再也没有机会见到野生的大鲵。

小镇风光

除了周围的自然环境，在有限的地块上建造高密度的城市尺度居民楼也是不合理的。建筑密度堪比香港，街道宽度远远达不到标准，公共活动场地稀缺。在人流聚集和天气燥热的时候，这里的居民就是艰苦度日，原来可供纳凉解暑的河道已经遭到了破坏。与之相比的是一条老街，仍然保存着古老的建筑形态和街道尺度。在夏季太阳热辣的时候老人小孩都坐在门口乘凉，三米左右的街道只供人行，太阳几乎晒不到，于是成为休闲活动的圣地。

在这样的环境里生活了三年，很难说有什么特殊的感情，因为它跟城市郊区并没有本质的区别。但这个小镇确实见证了自己的成长，因为在这里非常努力的三年初中生活我才有机会进入满意的高中继续逐梦。

高中，我怀着忐忑和憧憬来到了云阳县城，与大城市相比这里生活更加惬意，却又跟乡村的宁静截然不同，这是属于西南小县城独特的体验。

面临长江水背靠万重山，也许自然赋予了人天生的跌宕起伏。曾经生活的乐趣就在于得一闲暇时游山玩水，无须远行，水就在屋前，山就在脚下。大面积平地是极其缺乏的，建筑所需的地基都是一半挖山一半立柱创造出来的，因此造就了独特的路网形式。在这个小县城的回忆也大多与爬坡上楼相关。我就读的高中前门与后门海拔落差超过50米，教学楼与宿舍楼则处于两级端点，爬坡上坎成为每日的必修课。尤其是在操场打完球之后需要爬一段很长的坡，到达宿舍楼之后再上 7 层楼梯。往往会在中途精疲力竭，只好坐在楼梯上喝口水揉揉腿，那时最美好的愿望就是希望学校能给宿舍楼安装电梯。

县城风光

　　山城人对于这自然的地貌特征并没有过多的埋怨，反而热衷于开发更多更长的坡道和台阶。登高望远，或许被山峦禁锢视野的人希望用这种方式瞭望远方，"万步梯"便是这其中最重要的代表。它最底部深入长江边，多条分支在半山腰汇集，最终通向最高处的"磨盘寨"山顶，宽 30 米，1500 多级。每逢佳节便会在这条"通天大道"举行各种庆祝活动。此外，山城体育活动如赛摩托车和"铁人三项"都会在这里举行。她甚至见证了无数情侣相识、相爱、结婚、生子的人生重要时刻。所以她是人们的精神住所，是山城人性格的象征。

万步梯

　　高中的学习生活压力巨大，每周六晚上和周日下午是仅有的休息时间。学校门口的滨江公园和后山的万步梯是休闲娱乐重要场所。考试成绩不理想、心情不好的时候我会去江边散散心，以东逝江水鼓励自己每次失败都是为成功积累经验。心情愉悦时便邀三五好友登万步梯，到达山顶舒万丈豪情展青云之志。可能有些毒鸡汤的味道，但对一个每天处于高压环境下的高中学生来说，这是极大的精神鼓舞。

虽然在这里的三年是生活在学习的压力下，但只要有喘息的机会就很容易发现这是属于小城市的魅力。大多数人都过着慢节奏的生活，江边漫步、公园下棋跳舞、登万步梯等情景构成了一幅美丽的山水画。这里绿树成荫，即使在炎热的夏天也有荫蔽，可以轻松享受户外活动。独特的地势让人每天都在经历高低变化，爬坡上楼是一种自然的锻炼方式。

然而农村人口逐渐迁移至城市导致的问题正在加剧。在老城的北部大力发展新城，而新城里建筑所需的地块几乎全部源于削山伐木，原有的大面积森林都消失了。或许城市建设能让人满怀成就感，但我们不得不惋惜失去的美好自然环境。

2015年9月，我拖着行李来到首都北京，下火车后出站的瞬间感觉要被热浪打倒，混凝土地面和玻璃房子让人无处可逃，这是我对北京的第一印象。学校的老校区宿舍都是四层的红砖楼，高大的杨树底下迎面走来抱着书的学长学姐们，我想这就是向往的大学生活吧。即使在进入宿舍内部之后发现硬件设施并不是很满意，我依然觉得没有来错地方。北京很多的老建筑透露着一股历史和文化的清香，如果深入挖掘可能每个胡同每个院子都有迷人的故事。出校门就能看到著名的京张铁路，骑着自行车就可以逛遍北京胡同，文化环境的吸引力已经弥补了居住条件的那一点点不足。

四年里校园环境并没有发生大的变化，但确实会随着时代的发展不断更新基础设施。在重要交通节点设立共享单车站点和快递点，城市正在为人的生活创造更加舒适便捷的条件。此外，两年前困扰北京的雾霾问题在逐渐得到缓解，河水治理的效果非常明显，学校南面一条原本黑乎乎的河流已经可以看到存活的鱼虾了。

从南到北，从农村到城市，我所感受到的居住环境变化是这些年中国经济快速发展的必然结果。人口迁徙意味着乡村的没落，但同时也让乡村回归更加原始的状态。在城市发展到一定阶段，人对环境的认识更加深刻时，也许人更愿意与自然亲近。那时不再采用野蛮的开垦方式，而是更加注重融入自然。

笑看家乡换新颜

受访者：童绍康

　　我的家乡在浙江省宁波市鄞州区塘溪镇童村，这里四周群山怀抱，三条溪水穿村而过，村口董山湖绿波淼淼，宛如世外桃源。一方水土养育一方人，我村也是著名科学界童第周的故乡，新中国成立以来教授级专家已达70多位，是远近闻名的"教授村"。村里多长寿老人，80周岁以上老人有118个，最高寿的老人已102岁，被评为"市级长寿村"。我深深眷恋家乡，为她自豪。

童村入村公园

　　我今年快80岁了，一直生活在老家，亲眼见证着家乡的沧桑巨变。新中国成立初期，我们村很穷，村民连最基本的温饱都无法解决，更谈不上其他享受，那时候的艰苦生活仍记忆犹新。为了换回一点粮食，村民们经常凌晨三点就要出门，点上竹把照明，用手拉车装满毛竹一步步拉到韩岭等地去卖。当时交通条件极差，道路是村民自发开辟的泥路、石子路，狭窄难走，没有公共汽车。

印象非常深的还有茅坑，每家每户在房屋旁边平地上挖个坑，随便再搭个座，茅坑臭不可闻，上厕所的人也毫无隐私可言。

　　家乡的变化发展主要归功于改革开放，尤其是近10年新农村建设的大力推进。村民们各显神通，就业多元化，真正的农业人口越来越少。村里有许多民营企业，有钱的老板越来越多。村民们已经不用为吃穿发愁。住房宽敞明亮，带有卫生淋浴等设施，家里电视冰箱是不缺的，有线电视、网络联通家家户户，家庭轿车越来越多，村里还专门建生态停车场。村民们老了有养老保险，生病有医疗保险，生活质量大大提高。

村口过去和现今对比图

　　再来看看我们美丽整洁的村庄，凡是外来的客人莫不赞叹有加。矗立在村口的文化礼堂是我村的行政中心，村民有红白事在此举办也有足够的场地支撑，文化礼堂内设图书馆、电子阅览室、乒乓球馆，旁边还有篮球场。隔着弦溪我村有对岸相望的公园两座，春天各色鲜花盛开、梅桃争春，是村民健身休闲好去处。在人流相对密集的地方，村里建有公共厕所，都自动冲水，既方便又干净。几年前村里规定了统一的垃圾堆放点，专门派人每天在固定时间运送垃圾到清理场处理，村民们也养成了环保的好习惯，会自觉地把生活垃圾拿去垃圾桶而不是随意乱丢。按目前趋势，村里也会马上实行垃圾分类了。全村道路也由专人承包清扫。2016年村里建了一座污水处理站，村干部们还打算在生态停车场旁增建一个。去年我村进行了大规模的环境整治，道路及居民房屋前后乱堆放、乱占道的杂物都被清除，大道小巷边村民的房屋外墙由村里出钱统一粉刷，全村面貌焕然一新，让人感觉舒服舒心。

　　我爱家乡，不仅在于她山清水秀，整洁优美，宜家宜居，更在于她纯朴的民风，温馨的人文关怀和积极向上的动力。这些体现在以下大事中：一、修复了童第周故居。童第周被誉为世界克隆的先驱，爱国科学家的杰出代表，是我们后代子孙的榜样，是我村"名人之乡"闪亮的名片。二、参加省内外童氏宗亲会，修复童氏祠堂。寻根问祖血浓于水是我们中华民族的传统。2012年我村承办了浙江省童村宗亲会，团结了来自四面八方的童氏子孙。2019年，由村干部牵头，村民自发集资的童氏祠堂正在修建，让我们有一个缅怀先祖的所在。三、每年8月底在文化礼堂举行儿童启蒙礼和大学贺学礼活动，激励学子们奋发向上，传承我们教授村耕读传家的家风，我村的文化礼堂也是市级优秀。四、沿着堇山湖修起了文化长廊，跟兄弟村相连，既可欣赏到湖光山色，又可领略我村风土人情。五、活跃村民业余生活，尤其是留村的老年群体，让他们老有所乐。村里有"老年园"，老人们有空可以喝茶聊天，也可以看电视、看报纸、打麻将。春节和节假日，村里组织越剧团来演出。80岁以上的老人，村里安排人员上门给打扫卫生、洗衣服，实行居家养老。村里正在建设新的养老院，据说还将配备老年食堂，到时候孤寡老人就有依靠了。

童氏宗祠修缮前后对比图

总之，天下之大，最美的还是我家乡，欢迎到教授村长寿村旅游做客，如果来定居养老，也一定不会让你失望，在此也祝愿家乡一年更比一年好！

我的人居五十载

王晓军

中华人民共和国成立 70 年了，共和国的人居事业也发展了 70 年，我因为只有 50 多岁，谈人居发展也只能谈谈这 50 多年我所经历的人居情况变迁。回想起来，自己从小至今住过不少地方，人居还真发生了翻天覆地的变化。简单来看，可以分为三个阶段。

林场宿舍

20 世纪 60 年代末，我出生在一个国营林场的宿舍区，那里山清水秀，气候凉爽，大山高峻，森林密布。我在那里一直住到小学四年级。我记得当时有资格带家属住在林场的都是干部家庭，普通工人的家都在外地，平日里他们都住在林场的单身宿舍，和我们的宿舍区隔河相望。所以我所住的宿舍区并不大，只有依地形逐级而上的三排平房，我家在中间一排的最东面，不远处就是公厕。

在我的记忆中，我们家的房子是典型的北方带有烧火土炕的房间，有一里一外两间。那时，邻居家都是在土炕上先铺一层芦苇席，再铺一层画着各种大牡丹花的厚油布，吃饭时把小木桌往上一摆就开饭了。铺大油布的好处是有脏东西可以直接拿湿抹布清理，还不起褶子。只有我们家的里间炕上在苇席上铺了厚厚的棉褥，还有一个很大的床单，那是我们全家人一起睡觉的地方。在外间的炕上有木床板，只有偶尔回家的大哥或留宿的客人会睡在那里，我写作业时会在那里支起炕桌，平时那里都是那只老猫的地盘。

因为是林场，最不缺的是木头，家里人做饭是烧劈柴，谁家房前都是劈柴堆，大一些的孩子有空就去准备一些劈柴。灶台旁有一个大水缸，水是我和二哥从房后的山溪里抬回来的。虽然我是一介书生，直到现在，我去村里还可以从井里担满满两桶水回去。我记得那里的冬天很冷，家里会买一大堆焦炭来烧炕过冬。有时，我们小孩子也会拿一个小筐和小铅丝耙子到林场集体食堂后的炉灰堆里扒没有烧尽的小炭块来补贴家用。

我们家房前有一个小菜园子，妈妈每年都会种各种蔬菜。菜园前面是一个冬季储存大白菜和山药蛋的地窖，经常妈妈会要我下去取菜，这是我最不喜欢干的事情，不是因为里面的阴暗潮湿，而是时常会有受惊的大蟾蜍吓我一大跳。

在门口有一株很大的野生品种的玫瑰丛，好像是父母从山坡上移植回来的，自我记事起，每年都会开出许多很香的玫瑰花。小花池下是我们家的兔窝，因此我家每年都有兔肉吃。夏天放学时，我会跟同学们沿路揪一些兔草回来扔给兔子们。兔窝旁边还是一个不小的鸡窝，小鸡都是妈妈自己选鸡蛋自己繁殖的。在家里一听见外面母鸡叫，我总会飞跑进鸡窝里去收鸡蛋，那里刚生过蛋的母鸡骄傲地走路的样子我还记得。

那十来年，也许是我还小的缘故，我的记忆多是雨后与小伙伴上山捡蘑菇和木耳，下河抓蝌蚪和青蛙的事情，觉得我家住得真是天堂一般。

这是我家 20 世纪 70 年代末往省城搬家时，与前来帮忙的林场工人们的合影。人们的身后就是我家住过的三间排房和房前的菜园子

机关福利房

20世纪70年代末期，我家举家搬进了省城的机关大院。刚回省城的前两年，单位只能给我家分两间房，一间是职工宿舍的平房，另一间在办公室楼里。一家人吃饭只能在平房，到晚上哥哥们就得到办公楼去睡觉。

职工宿舍区的那间平房太小，只得自己在房前盖了一小间作厨房，因为紧挨着大院里的公用水龙头，用水很方便。不方便的是厕所，当时都是公共厕所，在院外路边，上厕所时人多不说，卫生状况简直是惨不忍睹，现在街头的公厕要比当时好不知多少倍。过来人都有经历，现在想来简直是噩梦！那时父亲补发了不少"文革"期间扣发的工资，家里购置了一台12寸黑白电视机，虽然住房条件使我感觉局促，但放学后能带小朋友们一起观看日本动画片《铁臂阿童木》，还是令人很惬意的。我对当时怎么在家写作业不记得多少，倒是跟一大群半大小子们傍晚满院子疯跑疯玩还记忆犹新，各种玩法让我感觉新鲜，城里孩子玩得跟我以前在山里小伙伴们的玩法完全不一样。

1980年，机关在大院一侧的巷子边上又盖起一座四层的单元楼，听大人们经常议论，这是"文革"后机关第一次建楼房。开始盖楼时，我就知道我们家会有一套房，因为我父亲在机关里也是有"级别"的。我每天放学都会关注盖楼的进度，盼着能早日住进楼房，再不用上那每天最令我痛苦的公共厕所。这可能也是我现在工作中总是关注乡村厕所改造的心理学原因吧。

新单元房面积可能只有60平方米左右，虽然没有专门的客厅和餐厅，但有两大一小三个房间可以住人，我们全家六口人终于又可以住在一起了，我们家的生活一下子有了很大的改观。甚至一度把年纪大、在村里已经无法照顾自己的奶奶也接到城里一起生活，直到她老人家去世。

那段时间，生活里有一样事情很令我们全家不满意。原来在山里，做饭取暖用的是劈柴和焦炭，住进楼房虽然有暖气供应，但做饭只能用一种红黏土和煤面儿用水和起来打成的"煤糕"。黏土是农民用平车拉进城沿街叫卖的，煤面儿是到煤站自己用小平车自己拉回来的，同时我们家还烧过"蜂窝煤"和煤球。那时还不知道什么是霾，更不知道PM2.5，但冬天的城市空气真不是我这个山里人欣赏的，白衬衣的领子一天就脏，窗台总有一层黑煤面儿。没两年，我们那片宿舍区就赶上第一批城市煤气改造工程，从此做饭用上了煤气。

1984年以后，我上了高中，我们家又搬到了一处使用面积有108平方米的单元楼里，按现在的说法，算是三室两厅一厨一卫吧。这样的住房面积在当时周围邻居中也算是比较大的，我年迈的父母至今仍住在这里，因而这里也成为我们全家人周末相聚的重要场所。搬到这所住处时，大姐和大哥已经结婚成家另住，家里一下子不再拥挤。搬家后家里的电视机也换成了彩色的，还有磁带录像机可以看，九十年代初还安装了电话。这处住房除了没有电梯，其他条件基本上和现在楼房的水电煤气的基本配备都一样了，居住条件得到了根本的改观。

1991年大学毕业后分配回省城参加工作，单位分配给我一间办公室作为单身宿舍，一个人住着，倒也安逸，水电费用全免，也不收其他费用。没几年后结婚时，向单位领导申请住房，被安排到一座单面筒子楼的二层上，一层是单位的车库，那些年被称为"车库楼"。我住在最中间，印象中是20平方米左右的一大间，每月有两元的房租（或者是卫生费）。大家做饭都在过道里，共用一个水龙头，公用厕所在院子里。因为都是一个单位的同事，倒也热闹，做饭时相互有说有笑，天气好时还一起打牌，小孩子们也一起玩闹成长，邻居有困难大家都一起帮忙，因为空间的局促，人和人之间的距离似乎也近，各家的隐私相对也少了一些。

1997年我赶上了福利分房的尾巴，主要按论资排辈等的一系列条件，当时我分到了一座四层楼的单元房，面积还不足50平方米，年龄比我大的老工程师分了更大的新房，我才有入住这套旧楼房的机会。还记得当时单位每月会从我工资里扣几块钱作为房租。

我的这套福利房所在的小区是我国20世纪80年代初城市建造的典型居民小区，房子虽小，但功能一应俱全。楼与楼之间的院子里会有一排平房，每户都分到一间作为杂物间，地下还有一个小地窖。厨房条件改善为用液化气，但不是地下管道供给的煤气，还得自己用自行车到附近的液化气加气站把罐驮回来。如今这个老宿舍区早已改建为高层商品房。

商品房

到2003年时，国家已经取消了计划经济体制下的福利分房政策，人们也已经接受了房屋是有价值的，需要用货币来交换和购买。当时按级别、工龄、年龄等一系列条件，我又获得一次改善住房的机会，分到不足 60 平方米的一套旧单元房。我只交了 31000 元后就拿到了房产证，每个月小区会收取两元钱的卫生费，这是我第一套"商品房"。

我们家在这套住房里没有住几年，因为岳父母要与我们一起生活，人口增加，这套住房就出租给进城做生意的人家，我们则到不远的另一个小区里租住了一套面积大一倍的房子。因为原来住房所在小区人气兴旺，各种小生意都很好做，两边的房租几乎相同，没有给我们增加什么租房的负担。

到 2010 年，我换了工作单位，离我原来所在的单位和生活区域都很远，因此我们在新单位附近购买了一套高层的商品房，就先把这套不足 60 平方米的旧住房出售给了一对刚结婚的年轻人。在这个小区里，从幼儿园、小学到初中都是我所在省城的名校，我们的这套小房子也就成了优质学区房，在我们卖房的时候，这套住房的房价已经比当时的 31000 元上涨了 10 倍还多，差不多够我们所购新高层商品期房的"首付"。据了解，按目前的市场行情，那个小区同样的一套旧住房已经上涨到我购买时房价的 20 多倍。这可是 1984 年就建成，现在已经有 35 年房龄的"老"楼房了。

第一套"商品房"现在的外观　　　　　　　现在住的第二套商品房

通过租房过渡几年后，2014 年我们家终于住进了现在 140 平方米的高层商品房。2010 年购买期房时除了首付是出售旧商品房支付的以外，我们还通过公积金贷到了另外的百分之五十房款，现在贷款也基本快还清了。我们小区环境很优美，室外空间也很大，周边道路等基础设施建设日臻完善，出行也很方便。虽然这两年我们小区的房价已上涨了一倍多，不过我们打算继续居住，房价上涨似乎与我们也没有多大关系。

当然不是一切都令人满意，通常见到的城市病依然需要时日去解决，比如地下车位空置着而路两旁拥满了私家车，小区周围的新小区高层楼房越来越多，业主委员会的成立总是受到各种阻力等。回看 2000 年初到现在，经过将近 20 年的发展，住房这一承载人们生活的设施，无疑早已经成为真正的商品。

可见，在我生命的几十年里，我们家的人居环境得到了极大的改善，这与我国 70 年来取得的巨大成就不无关系，个人的命运与祖国的发展永远是息息相关的。

记忆里的乡愁，未来的新农村

受访者：王　勇

义乌的乡愁记忆

我的家乡在浙江省金华市义乌市佛堂镇。一提起家乡，我的思绪就会回到盛行"鸡毛换糖"那个美好童年时光。那时候，尽管大家生活条件都不是太好，但乡村的味道特别浓、氛围特别好，留给我的记忆也特别深刻。

那时，我在乡下读书，住的是一幢明清时期类似徽派建筑的宅院。宅院很大，住了好几户人家，都是我爸的兄弟或者是我爷爷兄弟的后辈。我家所居住的这个院子整体布局是，大门进去正对着一个天井，天井两边是两个厢房，中间是客厅，客厅里挂着我家祖上太公太爷的画像。大门门楼的背面墙上绘有彩画，因为"文化大革命"的缘故，整个用水泥石灰给抹掉了，只是隐约还能看到一些。

根据祖上分家约定，我父亲分到客厅东侧楼上楼下各一间房，再加半间客厅，大概三十多平方米。在我小的时候，我和父母一起住楼下，一跑靠墙的木楼梯，一张父亲的办公桌，剩下的空间挤了两张床，中间过道就只剩一米宽了。那时候我父亲在农村信用社工作，白天下地干活，晚上为村民办理存取款业务。我经常躺在床上，看父亲在略显昏暗的灯光下办公，与储户拉家常。等稍大一些，我就搬到了楼上，在以前放被褥的柜子上铺就了一张床，虽然很局促，但那是属于自己的空间了。我楼上房间的顶上有个玻璃窗，虽然不大，但晴好的夜晚还是依稀可以看到天上的月亮和星星。下雨天，我喜欢推开吱嘎作响的木窗，看从屋檐滑落的雨水，击打在窗前的瓦片上，发出滴滴答答的敲击声，这种感觉让我刻骨铭心，直到现在还偶尔会梦到那个场景。

与此图相似的儿时的街巷

当初，我们这一片住着许多跟我同龄的小朋友。由于大家的房子都挨得很近，有的住在同一个宅院，有的住在同一条巷子，每天早上一出门，总能遇见几位同学，于是就凑到一起，叽叽喳喳一起去学校。等小孩子都上学去了，大人们也出门干活了，村子一下子就安静了下来，小巷里除了一些鸡鸭在觅食，几只无所事事的狗在来回闲逛外，偶尔还会从隔壁传来一阵一阵富有节奏的老式织布机的声音，那是我的伯母在织土布。

等到学校放学，村子立刻变成了另一番景象。那个时候我们不像现在的孩子，每天回来就被关进屋里写作业。我的印象中那时我们很少有家庭作业，平时大人也管得少，放学后总是有许多时间跟小朋友们一起玩耍。等到太阳快要落山，炊烟袅袅升起，大人们也从田间地头回来了，整个村庄逐渐变得闹腾起来。大人们的交谈声、小孩子的吵闹声以及每家每户准备晚饭那种锅碗瓢盆的声音，在街巷里弄到处弥漫开来，浓浓的生活气息，感觉真的很好。那个时候农村很安宁，大家的心态也很平和。现在虽说生活条件好了，但感觉每个人活得都不轻松。

回想小时候，我们村里有几个场景让我印象十分深刻，其中一个就是我们的村口。我们村口有一大一小两口池塘，相互连通。池塘边上有两棵很大的樟树，要几个人才能合抱过来。夏天，树底下经常会有老人聚在一起乘凉、聊天，小孩子在一边嬉戏，几只小黄狗安静地趴在地上，偶尔有村民戴着斗笠、牵着牛、扛着犁从树边经过，很有画面感。但是很遗憾，小池塘早已被填了，大池塘也所剩无几，老樟树也没了，这样的场景再也找不回来了。

在我儿时记忆中感觉最丰满、最隆重的场景要数唱戏和迎灯龙了。祠堂是我们村的核心场所，平常一些大的活动都在那里举行。逢年过节，我们都会请县里一些戏剧团来村里唱戏，主要以婺剧为主，一般都会唱上几天几夜。在每场戏正式开演前，戏台就是我们小孩子们的舞台，尤其是几位爱捣蛋的小屁孩，总会趁戏还没开演前在台上闹腾个够，有的在上面翻跟斗，有的偷偷敲上几下锣鼓，有的在上面学大人唱戏，有的干脆掀起幕后的帘子看演员化妆……义乌佛堂一带的农村每年都有迎灯龙的传统习俗，在我的印象中，我们村里的龙头和龙尾做得很精致，听老人说是用整颗樟木雕刻而成的，漆上金粉，非常漂亮。平常龙头都会摆放在祠堂里面，快过年的时候再把它请出来。义乌的灯龙又称为板凳灯龙，主要是"龙身"全部由一节一节类似"板凳"一样的木板连接而成，木板两边各有一个洞，前后两块板的洞口叠加，插个木棍起到固定作用，然后在上面安上红灯笼，就可以扛着"板凳"游行了，很简单，也很灵活。为了讨个吉利，每到迎灯龙前，每家每户都会去村里认领几节"板凳"，有时隔壁村的人也会来认领一些，大家在一起就是图个热闹。这样下来，我们村的板凳灯通常有几百节长，龙头到了村东头，龙尾却还在村西头，非常壮观。游行时，队伍前面是旗幡阵列，接着是锣鼓开道、鞭炮齐鸣，然后才是龙头出现，场面很是隆重！龙头停驻的地方，家家户户门口都会摆出香案，供奉祭品，燃放鞭炮，祈求来年风调雨顺、幸福安康！最精彩的还是抢头灯环节，由于龙头很重，通常需要十来个青壮年一起扛，村里一些老人一般都会安排刚结婚还没生小孩的青壮年去抬。待到迎灯龙活动快要结束的最后一刻，就是抢头灯环节，也就是挂在龙嘴上的彩球，谁要是抢着了，就预示着将要生大胖儿子了，全家人会因此开心上好一阵子！

板凳灯（图片来源：https://baijiahao.baidu.com/s?id=1593878457525788248&wfr=spider&for=pc）

出来工作 20 多年了，我已经很少听说家乡再搞类似活动了，主要是像我们这些中年人，常年在外奔波，有时连过年也不一定回老家。一批年纪稍轻点的，对类似活动已经没有太多想法，再加上这几年从城市到农村都开始禁止燃放鞭炮，迎灯龙的氛围也就越来越淡了。不过最近听说义乌有些地方又开始重视传统文化活动了，但遗憾的是到目前为止，我还没听说我们老家再举办类似活动。

再一个场景是，快过年时集体分年货的场景。那个年代，物质极其匮乏，鱼和肉一般家庭平常是很难吃到的。除夕前几天，村里通常会组织人员把池塘的水抽干，捉鱼、挖藕，杀猪、杀牛，然后把所有的战利品全部都集中到祠堂门口的操场上，由经验丰富的老社员按户数分成几堆，大小合理搭配，分量基本接近，然后逐堆编号，再用抽签形式选择对应的年货。总的来说，这种分配方式差别不大、基本公平，但几轮抽签下来，有的村民还是对自己抽签结果不太满意，这时有的家长就会让自己的小孩来换换手气。于是，抽到好签的，一家人会很知足地拎着战利品回家；没抽到好签的，则边骂边满操场追打小孩，引得大家哈哈大笑！不过，不管抽的签好坏，拎着牛肉、猪肉、藕和鱼回家，大家心里都是美滋滋的。以前过年年味很重，是因为有着浓浓的仪式感，大家都盼着，大人、孩子都有期待。

宅院四周盖起了高楼

破旧不堪的宅院

前几天，老爸突然给我发过来几张图片，我家的老房子由于长期无人居住的缘故，已变得风雨飘摇、苔藓满地。最让我心酸的是，除了我家的房子，原来周围许多围合式的老房子老宅院几乎被拆光了。听老爸说，有的是被火烧了，有的是倒塌了，有的打算推倒建楼房……改革开放这些年来，义乌的农村发生了翻天覆地的变化，老百姓的生活条件越来越好，但是老房子却越来越少了，村子里的乡土气息、生机活力大不如前了，我儿时的美好记忆和童年的幸福时光再也找不回来了。

宁波的变化翻天覆地

1996年我大学毕业，来到了一个古韵十足的滨海小城——宁波镇海。刚到这里，我就喜欢上了它，因为除了周边"四大工程"正在轰轰烈烈建设外，城里却异常安静，甚至有几分安逸。记得当时我们单位的后面就是寝室，我和另一位同事同居一室，前小半部分是厨房，后半部分是卧室，中间用布帘子隔开。虽然房间不是太大，但住寝室的要么是单身汉，要么是刚结婚不久的新婚燕尔，都是一些年轻人。每天下班后，大家经常一起打打球、看看电视、玩玩牌，有时也会在一起做做饭。尤其是双休日，一班外单位的光棍就经常来我的寝室聚餐，久而久之，我那就成了许多朋友的小据点。那时一到饭点，有买菜的、洗菜的、做饭的、洗碗的，好不热闹。

当时，镇海鼓楼门口有一条狭窄的老街，青石板铺就的路，两侧都是有些年份的老房子，鳞次栉比。街面上零零散散分布着理发店、打铁店、烟店、馄饨店、弹棉花店等，转角处还有卖臭豆腐的摊贩，每当从那里经常，一股浓郁的臭味就会扑鼻而来。老街本来就不宽，但来来往往的人却很多，偶尔叮铃铃骑过来一辆自行车，走路的人只得停下脚步侧着身子让行。

镇海历来是座重文亦重商的小城，出过像邵逸夫、包玉刚等商界大佬，再加上靠海吃海，自古以

老街

来就是富庶之地，故此也保留了许多明清或民国时期的老房子。这些老房子外面大多是青砖灰瓦马头墙，里面却各有千秋，有的是纯江南民居风格，有的却是典型的欧式风格，地板、瓷砖、玻璃、灯具等都是从欧洲进口的，很是讲究。只可惜，现在类似的建筑已所剩无几，虽然鼓楼依然矗立，但老街却永远消逝在人们的记忆里了。

我还听说镇海以前的河网水系很是发达，后来为了发展经济、发展交通，许多河道都被填掉了，现在的许多路名就是以此命名的，如城河西路、城河东路等。听镇上老人讲，要是当初不填河的话，坐着船在小城可以自由穿梭，感觉不会比现在的乌镇、周庄等地方差。离镇海不远的慈城，也有类似情况。原来慈城的许多街巷都采取"半街半水"的道路形式，一半石板路、一半河道，很有江南水乡的味道。二十世纪七八十年代，为了让拖拉机能进城，许多河道因此被填。近些年在改造过程中，为了记住这段历史，当地政府没有全部进行重新开挖，而是在有条件的地方进行适当恢复，大多路段采取一半石板路、一半柏油路的形式来体现原先"半街半水"的城镇风貌，其中一半柏油路就代表了原先的河道位置。

来宁波20多年，也见证了宁波的快速发展和巨大变化，特别是在交通等基础设施建设方面。当初宁波市区像样一点的只有中山路和解放路两条路，其他的都是一些小街小巷。通过近20年的大规模建设，宁波整个市区的交通越来越便利，高速路修了一条又一条，跨江桥梁造了一座又一座，南、北高架也起来了，轨道交通1号线、2号线、3号线都开通了。当初我从宁波回义乌老家最起码要六七个小时，还要翻山越岭，很不安全，现在开车走高速两个小时就到了。交通便利了，城市扩张的速度也让人难以想象，记得刚来宁波时，南部新城、东部新城根本没有城，而是大片大片的农田和散落的村庄。2012年我们单位从老城区搬过来的时候，东边、南边都还是大片的稻田，现在已经是高楼林立，今年全省第一高楼——450米的宁波城市之光正式开建，宁波的城市每年都在长高。

新农村建设的探索

近两年，由于工作原因，我有机会经常深入宁波的乡镇和农村。期间，常听乡镇同志说起，过去几十年，由于缺乏必要的引导和管控，越是经济社会发展较快的地方，农村整体风貌破坏得越是严重，反而一些地理位置不太方便、经济发展较为滞后的地方，一些老房子、老传统得以保护传承。但是，随着城镇化的不断推进，农村"空心化"问题正变得越来越突出，好多老房子由于长期无人居住，且缺乏必要的维护，相继倒塌了、消失了，一些传统风俗和活动也面临着无人传承问题。在这样的一个大趋势下，如何保护好原来农村的风貌和传统，是一个十分紧迫的课题。

令人欣慰的是，现在许多乡镇干部都有了保护老村、老房子的意识，有的已经有所行动，一些资源禀赋较好的乡村甚至还引入了社会资本参与保护，通过整村打造或者单体改造等形式，让传统老村重新焕发生机，让老房子得到活化利用。有的乡镇即使财政十分困难，但也会专门安排一些资金用来保护，哪怕修复的老房子暂时只是作为一种展示，我想保护起来总归是好的，否则再过几年、十几年，我们想要保护也没东西可保护了。

这些年，在新农村建设过程中，我们也碰到一些实际问题，如我们政府希望通过改旧等形式，修缮保护一批有保护价值的老式建筑，传承村落原有的建筑风貌，但许多长期居住在农村的老百姓，其实对建筑风貌并不在意，他们更在意的是改造成本以及改造好的房子能否跟城里的房子一样，有单独的卫生间、整洁的厨房、宽敞的客厅、私密的卧室等，满足现代农村人对美好生活的需要。所以，他们希望采取全拆新建模式，彻底改善农村居住条件。如何兼顾各方需求，做好传统村落和老建筑保护文章？我们正在积极探索试点，如宁海的一个村，计划与社会资本合作，将老村原汁原味地保留下来，一些老房子改造成民宿或文创基地，用于旅游开发。政府奖励一部分土地指标，在老村的周边打造一个新村，要求建筑外立面与老村整体风格相协调。同时，参照传统四合院形制，将整个村庄规划成若干个围合式单元，允许每位村民自由组合，给大家一个日常交流融合的空间，就像以前我家房前的那条小巷，那是亲情的纽带、邻里的空间和大家共同的记忆。我至今清晰记得，小时候爸妈出门干活，总会跟周边的邻居打个招呼，让他们帮忙照顾。反观我们现在生活的小区，大家早上出门、晚上回家，哪怕是住在同一楼层，一星期也不一定能打个照面，说上几句话，彼此之间几乎没有什么沟通，更谈不上把自家的孩子委托他人照顾那种信任感了。

　　还有就是，以前我们农村每家每户建新房子，都会利用农闲时节，请上几位乡里的农村工匠来负责设计建造，一些亲朋好友听说了也会主动过来帮忙，等房子建好后，摆个三五桌"进屋酒"，大家一起热闹热闹，也算是新房主人对大家支持帮助的感谢了。现在农村建房的情况已经大不一样了，亲朋好友一般不会再有时间和精力过来帮忙，农村工匠和一般的建筑工人也很难请，工资高不说，施工质量也难以保证。为了解决当前农村建房面临的问题，我们正在做农房工业化试点，也就是通过专业设计、工厂施工、现场组装的形式，来提升房屋建筑质量。当然，在没有达到规模化之前，造价相对普通农房还是会高一些，但质量肯定是有了保证。

传统民俗与技艺

传统民俗与技艺

传统民俗与技艺

目前，各地新农村建设改造模式很多，有的可以学习借鉴，但也不能盲目复制，每个地方还是应该结合自身实际，探寻一条符合自身实际的道路。农村建房跟其他工作一样，最核心最关键的还是要靠村里的主要领导，如果他们没有私心杂念，真心实意想干事、愿干事，我想再难的事也不是什么事。现在，许多美丽乡村建设搞得好的，都有一个好书记、好主任，有一个团结且有战斗力的村两委班子。

最近几年，无论是在做小城镇整治，还是美丽宜居示范村创建，除了要求各地加大对老街、老村、老房子、古树、古井等的保护外，我们还十分注重传统文化的保护，如非遗的挖掘和传承。宁波有许多好的东西，如朱金漆木雕、金银彩绣、泥金彩漆、骨木镶嵌等，但现在从事这些手工艺的老匠人已经越来越少了，如果再不重视保护，也许到不了下一代，这些技艺就失传了。到那时，宁波的优秀文化遗产只能通过影像资料来展示了。所以，现在就要把这项工作重视起来，把优秀的传统文化传承下去，这样我们才能不负先祖、不负后辈。老街、老房子、老手艺，都曾经是我们儿时的生活记忆和感受，把它们保护好传承好，会唤起我们对故乡的依恋，增强回归农村的向心力。

浮躁的社会需要反思和沉淀

我们现在生活的这个时期，整个社会变化很快，大家每个人都像上了"发条"一样，一脚踏出去就一直在往前跑，停不下来。不管在哪方面，大家都变得很急功近利，没有时间静下心来考虑一些事情，更不会去反思一些问题。在我们乡镇建设过程中，有的设计师为了赚快钱，丧失了情怀，忽略了调研，没有了思考，几个晚上就复制粘贴出了所谓的"设计成果"，结果造成许多地方"千镇一面、万楼一貌"。一些承包商不顾乡村建设实际，什么材料贵、什么材料能多挣钱，就用什么材料，造成了农村景观城市化现象泛滥，农村已经不像农村。还有就是一些乡镇和村里的领导，盲目模仿所谓的样板村、网红村，导致了乡村建设的同质化问题越来越突出，没有了特色其实也就没有了生命力。

展望新农村，人在魂就在

我经常在想，近些年的快速城镇化对我国经济社会发展作用是有目共睹的，但由于城乡二元结构造成的城乡不平衡不协调发展问题也客观存在，尤其是随着大量农村人口的进城务工，农村空心化、老龄化问题日益突出，短短几年，许多乡村已经凋敝得让人心痛。中央乡村振兴战略的提出，终于把乡村与城市放在了同等重要的位置，这对于农村来说，是一次难得的发展机遇。要推动农村高质量发展，让农村重新恢复原有的生机活力，让农民有更多的获得感幸福感，解决好以下几方面问题很要紧：一是要因地制宜把农村建设得更美，山美、水美、居住环境美，这样才能吸引在外务工的年轻人回到自己的家乡，延续乡愁记忆，传承传统文化。二是要让回归的年轻人在家乡能就近解决就业问题，有一份相对满意的收入，这就需要有一定的产业来做支撑。最近，我们在指导一些村庄规划的时候，明确要求设计单位一并考虑产业发展规划，搭建起绿水青山向金山银山转换的通道，促进农村的可持续发展。三是要让农村的小孩与城里一样享受到优质的教育资源，让农村的老人病有所医、老有所养。随着信息技术的快速发展，这些愿望在不久的将来都将有望实现。只有把以上这些问题都解决了，在外打工的年轻人才会主动回归，老人才能重新享受儿孙绕膝的幸福时光。

我来自农村，我很乐意为农村的发展尽一份力！现在我有一个很好的工作平台，我很珍惜，真心希望通过自己的努力，在老百姓的需求与政府的要求之间找到一个交集，探索出一条符合宁波特色的发展之路，为宁波的乡村振兴创造一些有利条件，为当地百姓做一些有意义的事情。

半生所居，一生牵绊

翁国安

光阴荏苒四十载，我从一个小山村的农村娃成长为一名乡镇普通干部。记忆中孩提时的低矮土木住房、学习时期的两层夯实瓦房、参加工作及结婚后的商品住房，半生居住环境的变化经历萦绕着我，让我这一生总是被牵绊着……

一、低矮的土木小屋

1980 年的夏日，我来到了这个世界，改革开放的初潮并没有影响到我所生活居住的小山村，伴随我的只是低矮、潮湿而且整日不见阳光的低矮土木小屋。那时候，爷爷独自一人从广东潮州流浪至此，后来经人介绍与奶奶成亲，之后有了我父辈兄弟四人及两个姑姑。能够在这个小山村里扎根下来，在当时对于一个外姓人来说何等艰难，庆幸的是，我们"翁"姓一家在此繁衍栖息并逐渐壮大。低矮潮湿的小屋里总有热闹的声音陪伴左右，一家十几口一起生活在这里，每天早晨在锅碗瓢盆的"撞击"声中醒来，睡眼朦胧地看着母亲在灶前生火做饭，看着母亲被火焰映红的脸庞，逐渐地觉得这个土木结构的低矮小屋里是那么的温暖。

孩提时总有三两兄弟、四五姐妹为伍，在房前屋后追逐嬉闹；在落日余晖中与牛携伴而归；在满天星辰中与星星对话，躺着这土木构建的小屋里的木床上，伴随着身边干柴的青草气息，总是那么的欢乐与知足。何曾想过，长大之后上学的我、上学之后参加工作的我，会开始与这低矮潮湿的土木小屋渐行渐远……以至于某日回家的午后，竟然找不到印象中的小屋，连同孩提时记忆中暮霭的清晨、温暖的午后、连同满天的星空以及不善言辞却不失慈祥的爷爷，一起消失在我的世界里。

低矮的土木小屋

二、学生时期的夯石房子

20 世纪 80 年代中后期，伴随着改革之风越吹越响，小山村已不再是"日出而作日落而息"的耕作模式，从较早离开家乡的青年人回来时告诉我们的"外面的世界"，到从全村唯一的一台黑白电视机里看到了全新世界，知道了原来知识可以改变命运，知道了房子可以建成楼房。慢慢地，村里开始有人把房子建成了二层的石头结构，住上了楼房。父亲是一个木工，也开始了资本的原始积累，总是在晚间星空的映照下，在土木的小屋院里，跟母亲念叨起今日赚取的工钱，计划着何时我们也可以把小木屋改成跟别人一样的楼房。伴随着鸟虫蟋蟀的叫声，一家人憧憬着美好的二层夯石楼房，我与弟弟就可以在一楼二楼之间追逐嬉闹……生活的美好画卷就要开始渐渐展开，而此时的我已然成为我们村庄里的一名小学生，开始了与学校、与知识共度的日子。

小学、初中、高中以至于之后的大学，学习生活占尽了我的美好半生，从 1988 年开始成为村里的一名小学生，到 1994 年过渡到乡镇的一名中学生，再到 1997 年小县城的高中生，继而到 2000 年的中国首都北京。记忆中的土木小屋，二层楼的夯石小楼，县城里小高层的商品房，北京高楼林立的首府，记忆中的一帧帧美好的画面一一从眼前闪过，感谢这十几年来还算认真读书的自己，才得以见到这些与乡村截然不同的建筑的大城市。站在城市之巅，才明白吾辈之渺小，知识的海洋里伴随的是浩瀚的楼房一隅，"书中自有黄金屋"并非前辈们的"坑蒙之道"，渴望有属于自己的一套商品房的想法越来越清晰起来……

二层夯石小楼

三、结婚后的商品房

工作三五年之后，终究还是觉得首都没有给予我足够的归属感，回到小县城参加考试，继而遇到吾妻，结婚之事也就提上了议程。21 世纪 20 年代初期的小县城，商品房已经开始火热，一平方米已达三四千块，80 平方米的房子首付也需十来万元。在一番拼凑及兄弟们的支持之后，钥匙得以在手，开始了两人世界的美好蜗居。小小的房子里拼隔成了两间小卧室、一间小书房、一间小厨房以及一间卫生间，还有我俩最是喜欢窝着的客厅。最是怀念周末时光，躺在沙发上，嗑着瓜子、吃着零食、看着电视就可以度过一个美好的夜晚。住小套房的好处日渐显示出来。下班之余，在楼下的小摊小贩吆喝声中就可以买到自己所需的蔬菜食品，在小厨房里完成两人的两菜一汤。晚饭后小阳台里的微风习习，放一摇椅，在半醒半睡之间除去一天工作的疲惫，享受着这个小县城小套房里成就的美好。

第一套商品房

伴随着女儿的来临，母亲到来并帮我们照顾女儿之时，80平方米的小套房里开始堆满了女儿的玩具、各种年龄段的绘本以及各式各样的积木、木偶、公主等，这原本温馨蜗居的小套房竟也陡然显得拥挤起来。特别是随着2016年二孩政策的放开，再次计划孕育新生命之后，原本小三房已容纳不了我们一家四口加上老人的住房需求了。

复式商品房

于是，伴随着儿子的到来，我们又开始重新物色一套更大的房子，至少四个房间的需求已成为了必然条件，这样一算，130平方米以上的房子就在我们夫妻俩的走马观花中尘埃落定。在我们小套房旁边看中了一套复式的一百三十几平方米的房子。装修也提上日程，上下两层的复式楼让我们满足需求的同时也倍感压力，每个月两千多的贷款再加上装修中投入的资金，日子过得紧张有余却也颇有希望，因为那是对居住生活的美好憧憬！

半生所居，一生牵绊。孩提时低矮木屋在记忆中慢慢模糊，学生时期的二层夯石房子也曾苦苦等待，而今，却在商品房的居住环境里惬意得不曾忆往。只是，在某个夜晚醒来的刹那，越发地想念起那低矮木屋里的柴火气息，想起来灶前母亲被柴火映红的脸庞，以及记忆中那落日余晖中一起牵绊回家的老黄牛……也许，这就是乡愁！也许，这就是无论你所居何处，那一生的牵绊！

我所生活过的"15分钟社区生活圈"

邢　星

20世纪80年代末出生，中部省会城市，工薪家庭。这样的"出厂配置"，或许能接近一个当代中国人口特征里的中位数样本。回到个人的居住坐标点，辐射到"15分钟社区生活圈"，在家庭和个人迁徙之中，或许能折射一部分，近30年中国人居环境变化中的一些日常冷暖。

单位房时代：武昌老城三迁

我出生在湖北武汉。父亲就职于武昌老城里的一家中医院。围着父亲单位，搬了几次家，但一直没搬出老城。

刚出生时，一家三口，住在10平方米的宿舍楼单间。放在当年，这还算富裕的配置，但我依稀保有早上醒来睡在蚊帐兜里的记忆。宿舍楼是一个大杂院，三面是两层的楼房，一面是一堵小山坡，一条大台阶沿山而上，就是我的幼儿园。台阶侧面，砌着个长条洗水池，全院几十口人的各类日常洗漱，都挤在这里，好不热闹。杂院兼为每家每户的厨房、晾晒场，也是孩子们玩耍的地方。

印象中，结束这段杂居生活的，是一场夏日的暴雨。一次山脚下的院子惨遭倒灌，又赶上上水管道坏了，我们家在水里泡了好几天，为这段记忆染上了一层"屎黄"的烙印。后来我们搬去了另一处家属楼，在不远处的花园山上。这次是个一层楼的大围院，升级至一室一厅。院子里有挺多医院的子弟，曾举办过儿童文艺汇演。那是 20 世纪 90 年代初，门帘上挂着的，还是高举亚运火炬的熊猫盼盼。但这种单层楼的居住方案，未免还是效率不高。住了没多久，医院决定集资，就地新修一栋筒子楼。搬迁期间，我们挤进了爷爷奶奶家。

经历三年的建设之后，我们家终于重新搬回筒子楼。筒子楼八层楼高，一梯四户，没有电梯。爬到四楼，就可以在休息平台上，俯瞰整个老城区，住上高楼的自豪感第一次油然而生。我家住六楼，两室一厅，50 多平方米。透过厕所灰蒙蒙的纱窗，可以接收到火炉之城漫长的西晒和夕阳下龟山电视塔的剪影。登上八楼屋顶的大露台，更可以越过半个武昌老城，看到夜间金碧辉煌的黄鹤楼和串成珠子的长江大桥。在空调普及之前，夏季的晚上，一栋楼的男女老少，还会把自家竹床抬到屋顶上，一起乘凉。

回想起来，我的整个童年，就是在武昌老城里晃荡。所谓三迁，都是围着父亲单位转，来回相距不过百米，居职平衡程度之高简直惊人。高中之前，上学全靠步行。幼儿园最夸张，从杂院出门上个台阶就到了，两栋楼的屋顶层还可以秘密连通。到了小学，每天上下学，也只需穿过一条百米长的黄家巷，路上跟小伙伴们总是话说不够，常年在巷子里"之"字行走。到了初中，多走两个红绿灯路口，得以见识熙熙攘攘的马路菜场和夜市大排档。

三迁之间的伙伴们见下图。

历史故居里的三轮车大赛　　　　院子里的文艺汇演　　　　筒子楼屋顶上的生日会

多年之后，这片叫昙华林的地方，成为武汉的一个网红打卡点。我直到大学读建筑学，因其被定为大设计课的项目基地，才第一次了解到那片土地背后，武昌老城的历史变迁。比如我出生的那个灌水大杂院，始建于 1895 年，原为仁济医院的旧址，在 1931 年的武汉水灾中，曾作为武昌赈灾指挥部。如今它作为优秀历史建筑，被医院收回修缮，空置多年。直到 2019 年护士节，试点承办了一场"古韵 T 台秀",当年那个嘈杂的盥洗池,就被藏在了秀场主视觉屏幕的后面。

这样的历史变迁,对于年少时的我,似乎有些遥远。回到当年,如果框算我的活动半径,画一个"15分钟社区生活圈",那,就是约等于我全部的生活圈。老城的原始坐标和辐射范围内的市井活力,给了我一种乱哄哄的自给自足。我们一家在老城,一直住到我大学毕业。

商品房时代:光谷新城新居

这种自给自足感,让更换坐标的念想显得有些缺乏动力。整个 90 年代,大武汉的日新月异,似乎和我们家无关。直到开始听我妈念叨,巷子口修鞋的小王,默不作声买下第二套房的光荣事迹。

曾经有几次,改善居住条件的机会摆在我们家面前。父亲单位曾推出一轮商品房认购计划,门禁小区电梯房,后续还通了地铁,当年总价五万。但新房离医院 1.5 公里,我爸考虑到影响中午步行回家午睡,也懒得折腾,擅自封锁了这个消息。据我妈事后断定,这个决定间接造成了巨额经济损失,堪称我们家经济地位的转折点。

埋怨过我爸后,她会开始埋怨自己。当年她就职的重型机械厂,也出过好几波分房政策。三万多人的厂,拿到分房资格的也要是技术骨干。但她嫌工厂周边环境不好,没有老城生活方便,也都放弃了。后来工厂倒闭卖地,曾经的中北路 147 号,一度成为武汉的地王。那几栋单位房,成了老厂为数不多留存在市区里的遗迹。

没有把握单位分房的福利,又在商品房面前踌躇,眼看自己的同事朋友们陆续搬了新家,筒子楼里的出租客越来越多,我妈对住新房的向往,已经上升到"人生终极梦想"的高度。没有早点下手买房的怨念,构成了家里的日常主旋律。

但选择一个全新的居住坐标,对于一个家庭来讲,确实需要一些契机。工厂彻底倒闭后,我妈在光谷高新区找到了新工作。这是大武汉冉冉上升的一座科技新城。在新同事的撺掇之下,我妈开始关注排查光谷的各种楼盘。虽然对住惯了老城的我爸来讲,搬到一个要坐一个多小时公交的区域,一时还有些难以接受。

经过多番考察反复比对，2010 年，我们家终于搬进了一个本地开发商操盘的小区。高层住宅电梯房，60 米的楼间距。户型方正没有硬伤。有可以晒太阳和种花的大露台。建筑设计是颇有设计感的体块穿插，凹凸有致。马路对面是光谷软件园、华为研究院以及光谷展示中心。

还没正式入住，我妈就打着参考装修的名义，把楼上楼下的邻居家门串了个遍。跟据她的普查结果，楼栋里住的多为在光谷工作的年轻家庭，这让她在碰到手机电脑技术问题时，可以迅速在楼道内寻得专业人士的帮助。小区里也有不少中老年人，在小广场上各自晒着太阳溜着娃，操着湖北各地乡音。她还没有加入合适的广场舞组织。

我陆陆续续在电话里，听说着新家附近的变化。比如小区门口的有轨电车，终于接驳到了最近的地铁站（但据说比公交快不了多少）。四站路之外，武汉也有了第一座 K11 商场。

回想起来，这个精心布局的新的 15 分钟社区生活圈，其实包含着我母亲对退休后生活的想象。楼盘配套商业有沃尔玛，虽然她还是会让我爸从单位附近带干货。出了小区门就有电影院，虽然她一年难得和我爸去看一场。小区统一配备了暖气，虽然她从没舍得冬天开过。而或许最大的想象是：等我读完书回武汉工作，总有办法在高新区找到工作。

我妈拍的新小区   我拍的我爸

存量更新时代："老破小"的新想象

而我选择在另一座城市，寻找自己的新坐标。2015 年，我硕士毕业后来到上海工作，在离单位三站地铁的地方，开始和朋友合租。两年后，伴随室友搬迁，房租上涨，我开始和家里人商量，琢磨买房。

考虑到家里经济条件，能琢磨得起的，只能是所谓"上车房"。满足个人自住诉求，尽量要靠市中心；减轻房贷压力，尽量要面积小。伴随彼时共享单车的兴起，离地铁站距离的指标可以稍微放宽。在摸索了大半年之后，我基本锁定了内环附近的一套老公房迷你单间。

考虑到这个片区建成度极高，类似老公房供应量又大，这并不是个明智的投资决定。而让我妈最不能接受的是，是"老破小"本身：破和小不说了，简直开历史的倒车；老到比我年龄还大，外部环境更是堪忧。在带她实地考察了周边农贸市场的物价情况和宋庆龄故居的美景后，她勉强同意了。

老城的市井和法租界的"腔调"，这里兼容了我们对过往的怀想和些许对未来的展望。小区南北平行有两条马路，相隔百米，气质迥异。一面是老公房，马路菜场，路边的杂货铺永远在 10 元清仓大甩卖；一面是花园洋房，梧桐大道，人行横道的花坛都是有些考究的弧面马赛克。这里的 15 分钟社区生活圈，覆盖了两所大学、为数众多的贸易、设计类公司、多个网红地标打卡点以及一条老字号夜市街。

房主大叔一家人，在这里住满了三十年。他以前也是周边工厂的老工人，这套老公房是当年厂里的福利房，女儿成家后，他和老伴要跟着搬去浦东养老。交房过程中，老叔一直向我传授在老小区，低调做人促进邻里和谐的生存之道。而我满脑子想的都是，如何早日制定装修方案，完成改造呼好朋唤友。

改造前后的单间

小区虽不大，但建材垃圾堆放区，几乎每天都是满满的。新迁入的多半是我这样寻求落脚的小年轻。但小区公共空间的日常活跃度，主要还靠老一辈的阿姨爷叔们来维系。树荫下的露天麻将桌，每天都是有条不紊地哗啦哗啦。即使在上海暴雨橙色预警的日子里，他们也会撑起户外伞，丝毫不耽误按点开工。

自家的改造完成没多久，就赶上全市"精品小区""美丽家园"建设工程，小区连续迎来了几波升级操作。工程主要涉及小区立面粉刷、楼道环境整治和雨污管道更换。虽也曾遭遇加装空调外挂架，凿破内墙的尴尬，但当脚手架彻底拆除的时候，我还是忍不住向我妈炫耀起老破小的颜值逆袭。听街坊们说，这里也有望成为加装电梯的改造试点。

马路菜场和改造中的小区

这样的改造对普通居民而言固然喜闻乐见，但更加可贵的，或许是一种更加扎根本地的，对诉求的响应。由几位本地设计师发起的社区营造机构，整合各方社会资本，发起了一系列在地的微更新改造。更多日常性的社区活动发起、近四百人的街坊微信群运营，更开拓了我对邻里生活的想象。后续参与社区规划师培力计划的实践，让我更多看到了，职业身份之外，日常实践的可能。虽然在如何应对社区本身复杂性方面，这些实践还有待更多时间检验，但伴随城市存量更新诉求的日益增强，这种新的行动可能，应在更多的社区中得以生发。

15分钟社区生活圈，对于一个孩子，可以是探索这个世界的最初安全缓冲区；对于一位中老年人，可以是对自己晚年生活的终极想象；对于一位"社区规划师"，可以是开展在地实践的最宽广的平台。

当我试图从私密的个人记忆，去还原自己所亲历的，"15分钟社区生活圈"的变化，发现勾勒出的更多的是家庭社会经济地位的动态肖像。而作为一位城市规划从业者，将30年的时代变迁投射到对城市的日常观察，我似乎看到了不同地区命运的相连和未来某种实践的可能。

　*备注：2016年8月，上海市颁布出台了《上海市15分钟社区生活圈规划导则（试行）》。

家与房

杨　婷

谨以此文献给我的祖父，想念您！

1. 我家祖宅

我自出生起就住在祖父母家直到上大学，这套房子在一定意义上可以说是我们家祖宅，这里就简称他房 A 吧。房 A 始建于 20 世纪 80 年代，砖混结构，房型是三室两厅两厨两卫，实用面积大致 80 多平方米。现在看来房 A 并不是很大的户型，但在我小时候这种房子其实还挺少见的。房 A 具有浓浓的 80 年代特色，有长长的走廊，卫生间和厨房面积不大。在我出生前，房 A 很热闹，祖父母有六个孩子，没成家的孩子仍然会住在房 A 中。但是我出生的时候，姑姑伯伯们都成家了，除了周末我的父亲母亲回家外，房 A 基本就是我和祖父祖母三人一起住了。说句题外话，按照现在的称谓，我从小到大都属于半个留守儿童，但我绝对是个非常幸福的留守儿童。

房 A 中的家具，有一大半岁数都比我大，甚至还有比我父亲岁数大的。很多家具现在只有看年代剧才能看见，像是我奶奶的缝纫机、五斗柜、腌咸菜的钵子等，以至于现在每次回家都有种破次元的感觉。其中，我最喜欢的是正方形的餐桌，橘色色调、实木、手工制品，我和祖父祖母在这张桌子上一起吃了 18 年饭，大多时候是我和祖父一起数落我祖母饭做得不好，然后被我祖母无情地骂回来。小学的时候常常在这张餐桌上写作业，长大一点也在这桌子上打麻将、打纸牌。我的祖父和祖母是我这辈子最最最爱的人，他们教育孩子的方式是很多传统中国家庭的缩影。祖父非常溺爱我，舍不得打我只好用海绵打，每天早上会早起给我打理洗漱和早餐，送我去上学，放学了在路口等我，偷偷给我零花钱。此外，我祖父还爱好各类棋牌游戏，我三岁就跟着他打牛九牌了，就是在这张餐桌上。在我眼里祖父一直是个了不起的人，善良、正直、有责任心、胸怀宽广，我祖父从来没要求过我什么，成绩也好，爱好也好，可能他就觉得我自己开心就好。祖母呢，则和祖父相反，比较严厉，就是一般家庭唱红脸的那一方。祖母性格比较好胜，对我有全方位的要求，要按时写完作业，按时预习功课，学习成绩必须要到前几名，吃饭不能剩饭，早上不能睡懒觉等，达不到要求祖母会非常生气。我记得有一次小学一年级数学考试考了96分，因为没拿满分，被祖母狠狠教训了一顿。我家门背后有一把绿色的迷你扫帚，我要是嘚瑟过头了就会被这把扫帚无情教育，这简直就是我小时候的噩梦。但是，我祖母严厉归严厉，她也是一个非常善良、有智慧、懂得包容别人的人。只是美好的时光总是有限的，我的祖父2008年过世了，三个人一起吃饭、一起斗嘴的岁月终究是永远地失去了。

房A中各种"古董"家具一览

除了和祖父祖母相处的时光，房A也陪我度过了从幼儿园到高中的求学生涯。房A位于兰州市西固区，又被称为石化城，这个区是非常有名的重工业区，中石油、中石化、兰铝和蓝星化工都在这个区有分厂，和别的区不一样，这个区更像是个自给自足封闭的小社会。具体表现就是，我从小到大上的学校都是中石油的子弟学校，看病的医院也隶属于中石油，我从幼儿园到小学、到初中、到高中的朋友基本是一拨人，而且大家家里住的都不远。我上高中的时候特别想考去别的区，特别想逃离这个小小的社会，你能想象我上的幼儿园就在房 A 楼下，小学从家里走去只要五分钟，初中和小学就隔了一堵墙吗，换句话说我从出生到初中毕业我的生活圈子半径只有六七百米，这太令人压抑了。但是考出去的愿望在各方压力下终究没能实现，我继续在同一个学校的高中部完成了高中学业。对于高中这个班，不客气地说，除了从外部学校考来的几个学生，每个人基本都是相互认识的，甚至我们班班主任和英语老师刚刚把我堂姐带毕业了。唯一区别于初中的，可能只是教室从一楼搬去了四楼。

在很多年后的今天，我特别感激冬瓜哥，感激我的母亲让我留在了这个学校。我现在特别好的朋友，有一半都是来自这个班的，我们从小就彼此认识，在这个班大家加深了感情，即使现在天南地北，大家也仍然相互扶持。我们班主任老 D 和物理老师 L 叔，是两个非常有想法的老师。老 D 虽然节节课拖堂，但是他培养了我对化学学科的兴趣，现在我的研究属于环境化学领域，也大致是我们班唯一传承了老 D 衣钵的学生；别的老师班会通常都是讲纪律或者占用班会补课，老 D 则经常给我们分享各种鸡汤，讲过保龄球规则，讲过他人生的经验；到了高考，老 D 给我们压了两道大题，全中；老 D 给过我很多机会，即使很多年没见过老 D 了，但我依旧非常感激他。L 叔呢，上课风趣，为人乐观谦和，对待学生公平公正；L 叔可以说是我学术的启蒙老师，要是他去大学做学术想必也是极好的。最后，你的人生中会碰到很多人，但是碰到你想成为的那种人的概率却很低，到目前为止，我只碰到过三个，S（我高中同班同学）是第一个。S 活得非常洒脱，沉迷于游戏，及时行乐是口头禅，他也常劝我活得开心点。高中的时候，相比于默默无闻的 S，我大致是你门口中的学霸、老师的宠儿、身兼数职、三好学生常客、大家眼中的人生大赢家，但是我始终活在自己和其他人给我定的框架里，一点都不自由。S 和他对生活的态度是我向往的，至今都是。最后的最后，现在这些学校和医院都移交给当地政府了，这都是后话了。

房 A 附近多个石化家属院近照（均为 80 年代或者 90 年代建成）

　　我在房 A 中度过了人生的前 18 年，这 18 年中父母有了第一套房、第二套房、一直到现在他们住的房子，但是在我的观念里，能称为家的只有房 A。

2. 父母的房子

　　我父母 1997 年才有了人生中第一套属于他们自己的房子 S1，那时候他们都三十大几了。S1 背靠新华书店，两室一厅，在七层，大致 60 平方米，钢混结构。这套房子他们一般也就是周末住一住，我本人对这套房子的记忆非常模糊，只记得有个电烤箱冬天非常暖和。然后 2002 年，他们有了第二套房子 S2，在六层，90 平方米左右，两室两厅，钢混结构，这套房子用了当时最潮的装修方式，虽然我也没住过几天，但我打心里喜欢。2005 年，父亲从房 S1 换去了房 S3，S3 是当年刚刚兴起的中高层，有很大的落地窗，钢混结构，两室两厅，同样是七层。S3 的房型是这些房子中我最喜欢的，简而言之就是空间大，客厅、卧室、卫生间空间都很大，完全感觉不到压抑。S3 的装修色调是黑胡桃色，家具基本都是实木的，观感大气，现在看仍旧不过时。这套房子离房 A 不远，我高中每周末都会去住一天。现在父母的家 S4，用母亲的话来说，是他们自己买的最后一套房，高层的五层，钢混结构，三室一厅。这套房子采取了混搭的装修风格，餐厅是北欧风，厨房和卫生间是现代风，客厅、主卧和书房是中式实木风，然后我的卧室我坚决要求装成了欧式风格。这套房子我能感觉到父母的用心，从家具到家电，每个地方都非常用心，也非常舍得花钱。起初我非常反感这种混搭的装修风格，但是看着看着竟愈来愈顺眼。和普通家庭不同的是，以上几套房我们一家三口从没一起长时间（连续两周以上）住过，这些房子并没有承载我的喜怒哀乐，所以在我看来 S1 ～ S4 只是房子而已，和"家"这个字相去甚远。

我父母在外界看来都算是工作很体面的人，但是他们等到三十大几才有了人生中的第一套房。从第一套房开始，买房、装修、买家电，每一步都是靠他们自己，从来没靠过他们的父母。不管有房没房，他们对生活对事业都充满希望。在一定层面上，我非常佩服我的父亲母亲，因为他们真的是一步一步从无到有，而且一切所得都基于辛苦付出。而我呢，貌似受过比父母更好的教育，有更高的学历，去过更远的地方，有更开阔的眼界，但其实呢，我有选择是因为父母给了我安全感。我把这部分内容写在这里，更多是想探讨，我们这一代人是不是太急躁了，太多的人工作没一两年就要贷款买房，其中很多都是基于啃老。我时常问自己，真的有必要这么快就走上标配人生吗？但是我现在还没答案，或者不敢选择吧。

3. 宿舍

从 2008 年我上大学起，一直到 2019 年博士毕业，这长达 11 年的时间里，我住的最久的显然是宿舍。

2008 年，我考上了离家 1300 多公里外的 T 大，开始了我漫长的大学生涯。我从小到大都是走读（95% 的同学都是走读），从未住过校，所以 T 大的宿舍是我第一次和陌生人一起住。T 大的本科宿舍楼是钢混结构，0 层用于停放自行车，我住在 5 层。通常宿舍为 A 和 B 两间，两间共享一个客厅，每间住 4 个人，床铺是上床下桌，有凉台有空调，每层都有几个公用的卫生间、淋浴室和洗衣房，总体来说住宿条件很好。和很多人一样，我对大学生活是又期待又紧张。舍友们来自五湖四海，个人性格、家庭情况及成长环境非常多元化。我过去习惯于衣来伸手饭来张口的生活，因此花了好几个月才适应了和别人一起住，接纳彼此的生活习惯，最终过上了独立的生活。过了很久，大致快到大三吧（那时候我是个慢热的人），我和舍友 L 成了非常非常好的朋友，L 是第二个我想成为像她那样的人。L 聪明、文艺、读过很多书、有想法、随和、乐观、可爱、低调、自由，我到现在都很难想象这么多优点会集中在一个人身上，要说唯一的遗憾，恐怕就是荒废了两年才和她成为好朋友。本科宿舍的事情很多我都记不清了，我对它没有特别强的归属感，或者说我从来没有把它当成一个家。

很快到了 2012 年，我继续在 T 大读硕士，搬去了操场对面的硕士生宿舍。T 大那时候的住宿水平是博士＞本科＞硕士，硕士楼应该是砖混结构的（不太确定），六层，每间房标配是三人，上床下桌，每层有两个卫生间、淋浴间和两台洗衣机，住宿水平明显下滑了。我们宿舍三个人，一个是我好朋友 Q（本科同一个班），另一个是从别的学校保送来的 T。T 的导师在别的校区，所以从硕士一年级下学期开始，T 就基本不住宿舍直到最终答辩。所以在长达两年半的时间里，我和 Q 分享了这间房子。我和 Q 生活习惯非常相似，不管是吃的用的，还是生活作息都非常搭，生活轻快又舒服。每次项目出差回到宿舍，我都很安心，和回家一样，这大概就是归属感。

2015 年，带着兴趣也好，不甘也罢，我选择到英国读博。为了生活方便，我住在学校的 apartment（公寓套房）里（也就是国外的大学宿舍）。住宿楼应该是木质框架结构的，反正不是国内常见的钢混结构，总共四层，我住在第三层，每个 flat（公寓单元房）六个人，独立卫浴，分享厨房。国外学生宿舍的住宿条件明显强于国内宿舍（除去隔声效果特别差，有多差呢，举个例子，一度我听舍友打电话能了解到他阿姨家的事儿），但是相应的租金也高出许多。以我居住的这间房子为例，每个月的住宿费高达 580 磅，甚至高于我本科四年住宿的总花费。很多人读博读得很苦逼，但是我很肯定这三年多一点的博士时光是我会深刻怀念的美好的三年。这三年里，我遇见了我的导师 M，第三个我想成为的人。他的谆谆教诲让我重拾信心，找到了自己的理想，明确了人生的方向。不管是在工作上亦或生活上，我都想成为他那样有热情、有初心、也有生活的人。对于这小小的房间，这三年多我都真诚地把它当成自己在英国的家。我会把各式各样的酒瓶摆在窗台上、柜子里当装饰品，透过不同颜色的酒瓶看阳光；会在照片墙上贴满各种随手拍的照片、计划表和一些随笔；会在软软的床上彻夜刷剧；会和朋友在客厅彻夜长谈。我大致明白了一句被说破的话，心安之处便是家。

留学时期住宿一览（a，b 为宿舍楼外观，c 为个人房间，d 为公共厨房；c 来源于学校官网，非本人作品）

尾记

很多人单纯地把住所和家划上等号，我不是特别赞同。家其实更像一个纽带，他首先给了你住处。但是更深层次的，围绕这个住处你开展了你不同阶段的人生，认识了形形色色的人，学习过五花八门的知识和道理，从事过丰富多彩的工作。家这个纽带慢慢地就串联起了你的人生。你的人生会有很多纽带串联，所以你不是只有一个家。无论如何，我感激我遇到过的所有的家，并且他们在我心里永远都是我家。我也期盼着找到下一个家。

何以为家

张 晶

·兰州记事

经常一觉醒来后，发现梦里的场景全是小时候六七岁时的光景，那会儿我家还住在兰州上西园，这个地方现在已是兰州市区内难以改造的区域，外来人口多，少数民族多，人员复杂，而且房子已被改造的不成样子，全改成了三层小楼，都是直接在原有的房子上加盖的，有一次恰巧从那里经过，发现走在巷道里，抬头不见天日，很难再找回当年的影子……

那个经常出现在我梦里的大院子，当年住着好多人家，家家都是红砖瓦顶平房，我不知道别家的砖头怎么样，反正记得我家的砖头不够硬实，每次我妈让我在门前罚站，我就无聊的抠砖头，那砖头上被我抠得全是小坑，上面还有我刻上去的图腾，好在位置偏下，到我们搬走，我爸妈都没发现。

那会儿家家屋前都种着一棵树，多半都是能结出果实的，譬如冬果梨树、吊蛋子树、楸子树……春天的信号就是从树上发出的，各色花儿开的繁茂极了，树长得高，倒让花儿们免遭了熊孩子的魔爪。一场雨，花瓣儿铺的满院子都是，孩子们都到院子里去扑腾了，当然弄一身泥，少不了一顿打。快到夏天时，丁香花就开了，那棵丁香树种在公共厕所门口，倒是掩盖了不少臭味儿。盛夏时刻的大院，就像披着绿色外套的大帐篷，再猛烈的艳阳从密密的枝叶间穿梭到院里时都变得格外柔软，午后开着房门睡一小觉，睁眼看见绿色帐篷上的点点阳光，伴着夏虫的叫声，似醒似梦。丰收的秋天，大树们争着结出各式各样香甜的果儿，大人们都忙着工作，小孩子们站在树下，用尽办法把果子打下来，擦擦就开始吃，那股酸甜，现在细想起来还在舌尖萦绕。当叶片变成金黄色，再落到地面上，就提醒着我们冬天要来了，院子里的枯叶还没有扫干净时，最喜欢在上面跳来跳去，咔嚓咔嚓地响着，直到妈妈叫我吃饭，才擦擦鼻涕回家了。一推门，就是大炉子了，一到冬天，它就被爸爸从厨房请了出来，摆在堂屋里，放进蜂窝煤和炭，烧的滋滋作响，整个家就暖了起来，炉子上还坐着茶壶，侧边有烤箱，妈妈总喜欢在里面烤馍，香香的馍馍至今都是我的最爱。那时的冬天真冷呢，洗过的衣服挂在院子里的晾衣绳上，很快就在衣服下端结上了冰溜，几个馋嘴的小孩儿就抢着掰冰溜当冰棍吃，我也吃过一次，忘了什么味儿，只记得被老妈打了嘴巴，所以印象中这透明的冰溜是咸味儿的，我一边哭着，一边摸着妈妈收回来的衣服，硬邦邦的，就像妈妈赏我的一个大嘴巴子……

大大的院子，家家都是老邻居，也方便了各家的小孩儿能够走街串巷，很快我们发现家旁边有个果园，到了冬天，果子都运走了，我们就可以进去玩了，西北的冬天，那是寸草不生呀，可是乐死我们这些小屁孩儿了，可以打土仗啦！一个个玩的灰头土脸的回家，挨打也是心甘情愿的。园子里还有个土屋，进去后是一个土炕，因为土炕里烧的是干草，所以感觉那味道格外的清香，我就很喜欢进到那个屋子里去闻闻那股味儿，其实那味道和现在燃烧秸秆差不多，但那时候就觉得那么好闻，让小小的我很迷恋。后来发生了一件更有味道的事情，把我们这帮熊孩子彻底地关在了园子外，那天大家都开心地在园子里撒欢儿，我家对门男孩儿忽然大声喊，看我跳的多高，说完他就一个助跑，跳进了一棵果树边堆的干树叶堆，如果当时我知道那是在堆肥，我一定拉住他，可惜大家那会儿都傻呵呵地看着他耍酷，在他跳进去的一刹那，溅起一大片黄褐色的液体，那气味儿简直不可描述，后来怎么回来的不知道，只记得他妈妈拿着个水管在厕所里给他冲澡，他一个劲儿喊着：冷……好冷哇……

后来上了小学，也离大院子不远，孩子们都结伴去上学，大孩子领着小孩子，大人们不用操心。有天正上着课，我突然想吃家门口那棵树上的冬果梨，就和老师说我不舒服，老师赶紧找来我们院里的一个姐姐，她是高年级的，按辈分来说，我得叫她小姑姑，我就趴在小姑姑的背上，被当做病号背回了家，好在路不长，回家后，我就舒服了。小姑姑放学回家走进大门时，正好碰见我站在院子里吃梨，她好几天都没理我，因为我那么沉，还要骗她背我回来……我上学比较早，常常马大哈，下午放学时，经常忘带书包就跑回家，要写作业时，才想起书包，好在学校离得近，门房大爷不用回家做饭。

开心的时光不长，我就被"孟母三迁"了，我爸妈觉得大院人员越来越多，对我学习不利，就干脆搬进了兰州当时不多的楼群中，在我看来，就是把大院的砖房叠了好多层，因为这楼还是红砖的，门口都没有树了，都是水泥路面，就连楼群中的绿化区域都是用水泥矮墙砌在里面的。熊孩子也不能光明正大地钻进花园里玩了，因为矮墙就是一道禁令，不能进！爬楼梯好累，好在房间大了许多，我自己的房间也可以放书桌和小沙发了，不错！还铺上了当时很洋气的红地毯，就差厕所和厨房没铺了，刚开始真是不适应，因为兰州那会儿沙尘暴多，所以回到家，还没进家门，就要拿着掸子把身上的土拍掉，进了家门要换家居服，洗脸洗脚，总之把自己弄干净了，才能登"大雅之堂"，卧室不能吃东西，要吃只能在客厅吃，一系列的要求弄得我直到现在都有强迫症。这还不是最大的问题，最大的问题是离学校远了，跨了一个区，小学几年我都是乘坐火车，哈哈，你没有看错，兰州那会儿真的就有城际列车了，这个狭长城市，从东到西有32公里多，北边黄河穿城而过，南边有一条铁路也是东西贯通，这条铁路以前没那么繁忙，早中晚各有一趟城际列车。当然不像现在的轻轨列车那么高大上，就是那种老式的绿皮车，车门也不关，车厢里都坐的是卖菜的、卖鸡蛋的老头老太太们，我嫌弃那股鸡粪味儿，就站在车厢门口，随着列车咣当咣当左右摇晃一站路也就到地儿了。现在再和我妈说起来，老妈惊呼你那会儿竟敢站在火车厢门口，你不怕过隧道时一个趔趄甩出去呀！想想那会儿真没害怕过，很享受那种被风吹着的感觉，有时候还会把脑袋伸出去，就和电视上演的印度火车一样，真是初生牛犊呀！再后来上中学后，就更远了，我每天来回四趟在追公交车的途中度过了漫长的六年，每天最纠结的就是公交车它为啥不赶紧来，来了为啥开得这么慢，那会儿公交车都是很长的两节车厢，但公交车司机还喜欢来个马路公车赛，也不管我们乘客在公交车上尽情地摇摆，连进站时，本来站在后门的人，一个刹车，都直接可以从前门下车了，我在公交车上不知道摔了多少次，总之后来学会了像章鱼一般，脚底板牢牢扣住地面。上高中时，我终于获得了可以骑自行车上学的特权，每天上下学蹬自行车单程只要 20 分钟，我实在太开心了，那会儿兰州车没那么多，还有自行车道，而且自行车道和机动车道中间有个很宽的绿化带。不过开心没多久，我就摔进了绿化带，被取消了骑车的资格，悲催的我又开始了追公车生涯。我至今坚信我粗壮的小腿和那会儿天天追车有着必然联系！

·北京记

2000 年，考大学时，老妈希望我留在兰州，我坚决要去北京，那会儿厌倦了灰突突的兰州，想和黄沙漫天的城市再见，我要回老家了！为什么说北京是老家呢？嘿嘿，因为我爷爷家就在北京，当年因为政治原因，我爷爷跑到了大西北并定居了下来，生儿育女，直到去世，也没能带着儿女回到北京，所以我爸、大伯、大姑说起北京，都带有一丝向往，命运的不公，让他们成为沧海遗珠，阴差阳错，在荒芜的大西北扎了根，所以我带着爸爸的期待，来到北京上学。

当年爷爷的家，北京民族文化宫附近的四合院早已被后辈卖掉，我自然也找不到老家的感觉了。就在北京西北面的马连洼呆过了大学＋研究生时期，目睹了马连洼、肖家河从混乱的城乡接合部进化成北五环的阶段。记得当时乘坐着特 6 路公交车一路颠簸，从大都市开到脏乱差的郊区，心里那叫个悲凉呀，我下乡了……买个水果要去农贸小市场，周围连一个大点儿的超市也没有，买衣服要坐很久的公交车，难道这就是传说中读书做学问的好地方。

刚上大一时，从没体验过集体生活的我很不适应，宿舍女生 6 人，来自不同的省市，不同的生活习惯总有碰撞的时候，心情有时候会很低落，想家，想回家。21 世纪初，手机还没有普及，大家用的多是宿舍的有线电话，那可是热线，老妈那会儿光是给我打长途电话，用掉的电话卡都有好几百张，攒了厚厚一摞。电话里不好意思说的话，就给家里写信，写得最多的就是，北京再美好，也没有兰州好，我想回去，大学毕业就回家去！

北京的发展是惊人的，常常几天不出校门，再出去就恍如隔世，周围多了很多超市，马路拓宽了，大家也不能随意过马路了，我爱上了站在过街天桥上看桥下的车水马龙，看夕阳西下。说实话，北京的夕阳真的很美，可能也是那时候五环外高楼大厦比较少，天际线比较干净，大半天空都是红色的，我能一动不动看到天黑……

放寒暑假回到兰州，发现大西北的发展很慢很慢，节奏还是那么慢，早上起来不知是否因为缺氧，整个人都懒懒的，一碗牛肉面也没能提起精气神，走在万年不变的街道，人和车多了很多，自行车道都变成了机动车道，人行道也变窄了，走久了，有种喘不过气的感觉。小伙伴们都留在外地，就连放假也不怎么回来了，我头一次感到北京还是很好的……

我还是比较适应北京气候的，大学时期的舍友有几个是来自南方的，觉得北京风大，很干燥，但从更干的大西北过来的我，却也没因为干燥流鼻血，经历过沙尘暴，这点风不算什么，没有沙子夹杂着，吹着很舒服。放假时，南方美眉看着我们把被子卷了起来，惊讶道不会发霉吗？我们几个北方汉子一脸懵，被子还会发霉？现在想来，太年轻，没经验呀，这里深深同情南方群众一下，虽然那会儿的我不知道未来我也会有此烦恼……

上学期间，功课比较轻松，就和同学们一起到处走走，西单买买衣服，王府井逛逛，真的是逛，因为买不起，所以同学都开玩笑说，不想学习了，就来王府井逛逛，回去就老实了……

那会儿可真是有闲心呀！可能也是太闲了，一场恋爱就把我送到了江南，毕业后，说什么都要跟着爱情走，父母怎么劝都没用，"好了，越走越远了"，妈妈如是对老爸说。

·临安记事

初来临安，就如恋爱的感觉一般，美极了，花草树木真多，每天醒来都是鸟语花香，青山绿水间连空气都自带甜美，毫不犹豫安了家，落了户，还生了娃，父母过来帮我带孩子，用这边的话说就是：生活不要太美好！

当初选房时，正值美丽的四月，我俩，一个西北人，一个中原人，被窗外的日本晚樱迷得七荤八素，加上想着父母过来上楼方便，就买了二楼，刚装修好的房子看上去很美，从任何一扇窗望出去，都是绿色的，一年四季，不同的花儿在竞相绽放。早上6点，就有鸟儿准时来敲窗户，烟雨蒙蒙的景象经常让人移不开眼，但这些美真的只是看上去呀！

临安这地方一年大部分时间是在下雨，一下雨，屋子里光线和通风就不好，潮乎乎的，衣服也晾不干，空气湿度能大到 90%！抽湿机一天 24 小时开着。南方的梅雨天气最可怕，到处发霉，每年的夏天都成了我俩重新装修的日子，搬开所有的家具，拆下窗帘，背面全部都上霉了，黑乎乎一片，喷上除霉剂，再擦干净，累死个人，还没休息过来，霉菌又开始肆虐。

几年下来，我爸妈经常关节疼痛，只好搬家，发现住在高一些的楼层，绿化少一些的小区，远离青山绿水，就好了很多，真是鱼肉熊掌不能兼得呀！最近又在琢磨着给公婆也买个高层，他俩也嫌这边太潮湿，这时候得感谢临安的房价，如果当时留在北京，想把双方父母都接来，而且拥有各自的住房，那简直是痴人说梦。

其实要说气候的不适应还能通过换房来改善，那么精神上的隔离恐怕就没那么容易调节了。父母刚来这边时，孩子还小，他俩帮忙带着孩子，挺开心的，每年夏天热的时候还能回兰州去避暑，他们自称是候鸟老人。但随着孩子长大，需要带到外面，搞搞小孩子外交关系的时候，别说父母了，连我俩都很尴尬，语言不通，文化不同。浙系方言真是厉害，在我们听来，不亚于一门外语，多年过去了，因为接触的本地人少，所以还是不会说，听不懂。父母更是融不进去，时间久了，也不愿意下楼去走了，随着年龄的增长，他们回兰州去住，我也不放心，他们也开始依赖我，想看着孙女成长，人生真是矛盾的载体。

· 心路记

现在想来，令我最难忘的应该就是上学前，在兰州上西园平房里度过的那段日子。虽然那会儿没有自家厕所，洗澡也不方便，但拥有自由呀，想出门时，抬脚就迈出了家门。记得有次兰州地震，等级比较低的那种，我正坐在桌前玩儿，老妈坐在床边，我感觉到房子在晃，一个健步就已经到了院子里，留我妈在屋子里发愣，后来我为这事儿自责了好久，虽然我妈也没说我什么……不过这事儿也间接说明住平房逃生比较容易，如果住在楼房，估计我在门口还忙着换鞋子时，地震已经结束了。

那个大院子里，猫儿狗儿的不知道什么时候就会登门造访。经常家里在看着电视，一抬眼，进来一只陌生的狗儿，人模狗样儿地趴在地上和我们一起看电视剧，我家厨房门前，永远都会有一条狗，被我妈来回走不小心踩到，嗷嗷叫着，但就是不挪窝；养的猫，总是跟我出去玩时跑丢，我回来哭几场，爸爸就会在一个夜晚再抱回一只小猫，我不开心时，猫儿就在我身上趴着，看着我。有猫儿狗儿陪伴的日子谁不喜欢，但搬进楼房后，就不能养了。

直到现在，我的心里都住着一条狗、一只猫。和女儿走在路上，一起盯着别人家的狗儿看，在地下车库看见猫，就一起喵喵学猫叫。"可是住在楼房里，猫儿狗儿也不开心，它们喜欢自由"，我如是对女儿说，"那什么时候能养呢？"女儿央求我们买一幢有院子的房子，呵呵，那得容你爹和你娘再奋斗个几年吧……可是这是南方呀，有院子的房子还不知道有多潮湿呢，这是个矛盾的问题……

上学之后，过多的精力被学业所累，所以在楼房里住的最久，但始终无法入梦。来回搬了几次家，很多东西都在搬家中丢掉了，现在回到兰州，能够找回原来家的印记几乎没有了。虽然我女儿天生对兰州有好感，喜欢兰州的小吃，牛肉面、羊肉串、凉皮……喜欢在黄河边散步，斗蛐蛐，听秦腔……每年还没到暑假，就已经计划着回兰州避暑了，还几次要求回兰州读书，小孩子家，好像她爹能够同意似的。每年10月，我父母都恋恋不舍地离开兰州，来投奔我们，因为外孙女已经等不及要吃上姥姥做的饭食，老人看见孙女，比吃到蜜都甜，每当我老爹闹着要回兰州时，我老妈就不屑地说，要回你老头子自己回去，我是要和我孙女在一起的。话虽这么说着，但我越来越觉得对不起父母，偷偷也在后悔着来到这么远的地方，殊不知当时选择离开兰州时，走容易，再回去就难了。20年在外的生活，已经让我不能适应兰州的生活，寒暑假回去一趟，刚开始还感觉不错，当作为游客的乐趣失去时，就会体会到和这个城市格格不入，地铁修了五六年，还没开通，出门基本靠走，到处都在堵车，人行道高高低低，一不小心就会摔倒，老城老旧的楼房都成了危楼。但即使这样，也改变不了父母的思乡之情。

离老家太远，很多事情想也不敢想，双方父母虽然都在身边，但都属于身在曹营心在汉的情况，总觉得临安不是家，不踏实，想着年纪大了要回去，可回去了，我们怎么照顾呢，还是个问题。不过想想看，父母尚有故乡可回，我们呢，哪里又是故乡呢？我的女儿，问起她，说哪里是故乡，她说兰州？湖北？不知道呀，问她是哪里人，她也很矛盾。估计这种情况，是2010后出生的孩子们普遍存在的问题，父母是通过求学、就业大迁徙而组合的，而他们又是大迁徙之后的产物，所以归属地彻底混淆了。有时候和爱人聊天说以后要去哪里落叶生根，似乎也没有答案，留在临安，总觉得融不进当地人的文化。临安博物馆刚开馆的时候，我俩带着女儿进去看了一圈，不能像当地人看到有些历史就会兴奋、和家人一起讨论自己家的起源等，我们这些外乡人只能是看看了。我们双方的老家，离开久了，回去也只能是看看少数的亲人，没有共同生活的印记，就连说话都说不到一起去了。

2017 年临安并入杭州，成为杭州第十区，房地产业发展很快，楼越盖越多，大家几乎每天都在讨论买房，我们也在计划着如何换套更适合自己的房子来居住，什么时候连房子也变成了时尚快销产品。印象中家的承载力度也越来越低，那种回到家摸着自己熟悉的桌面，拿出以前的老照片，能回忆起一个房子里发生的家庭琐事，这种场景很难实现了。《何以为家》是一部最近上映的影片，抛开影片本身的内涵不说，单说这电影的名字，都很耐人寻味，放在这里，尤其合适。一个"家"字，在我人生前 10 年，很清楚地知道其含义，却在我接下来走过的将近 30 年里逐渐模糊了。

岁月静好

——从蜗居到房奴

张　静

梦想开始的地方——农民房

我出生在西北的一个农村家庭，2001 年中专毕业，学校帮我们联系了深圳的工厂，作为毕业实习直接把我们送到了深圳福永达腾相机场做普工（流水线工人），我们住的是集体宿舍，那算是我第一次接触社会，好在我们学校一起来的基本上都分在了一个宿舍，住的宿舍是工厂给工人统一租的农民房（深圳农民自己盖的房子，用于租赁），三房两厅一厨一卫，房子还算比较新，没有什么装修，也没有什么配套设备，要说有的话，那就只是一个蹲式的马桶，几个水龙头，房间配了上下铺式的床，当时住了应该有 16 个人，记得上下铺床从房间到客厅排得满满当当，吃在工厂的食堂，早上八点半上班到下午五点半下班，不过通常工厂有加班的任务，一般都要到九、十点下班。

我们是七月份到深圳的，那时候的深圳应该是最热的时候，烈日炎炎，绿树环绕，因为生长在缺水的西北，最让我感到新奇的地方是深圳的雨特别多，说来就来，而且还特别的大，经常大中午太阳高照的时候，也会洒落一些太阳雨，通常这个时候我会特别开心，感觉雨水是为我们降温而来，虽然炎热，但这个城市山清水秀，城市街道的绿色植被种植的特别多，而且随处都可以看到花花草草，其中路边成片盛满鲜花的夹桃竹让我印象特别深刻，我们老家只有很会种花的人家经过三、五年精心打理，才会养出那么一株瓶口粗会开花的夹桃竹，而这边很多北方室内精养的花种植在看似无人打理的路边尽然野蛮生长，开出烂漫无比的花朵，让我一下子特别喜欢这个城市。

农民房

万福广场

我跟我们班的两个女生分在同一宿舍，同一生产线，在这个陌生的环境，我们一起吃一起住，一起想家，一起哭，一起笑，结下了深厚的友谊。记得那时候最幸福的感觉就是在不加班的时候，我们三个人一起去住处旁边的一家小面馆，每人来一碗面，记不清当时是三块还是五块一碗，记忆中的那碗面是那么的珍贵与美味，因为当时觉得很贵（我们每个月连加班费一起也只能拿到三四百元，工厂包中餐跟晚餐，只是伙食特别差，又加上饮食文化不一样，吃不太习惯）。这碗面不是经常能吃的，只是偶尔奖励一下自己。晚饭后，我们有时一起逛一下福永的万福广场（在福永是有名的一大休闲娱乐景观），有时在小商店门口坐下来看看电视，那里的小商店，门口都会挂一个电视机，一个简易的桌子，零零散散放几个简易的凳子，店家会在那里喝茶，我记得当时走在路上，处处都在播《怀钰公主》。有时候我们会与隔壁男生宿舍相互串串门，聊聊天，他们当时也是刚大学毕业，同学统一应聘到工厂做技术员，他们的住宿条件比我们要好很多，住的也是套房，只是一人住一间，或者两人住一间，还有独立的洗手间，还可以有热水洗澡，我跟我老公就是在那里认识的。那时候的日子简单又快乐。

青春无声——公司宿舍

在这里我们大概待了两个多月，学校大概觉得给我们安排的不太理想，又帮我们联系了条件更好的公司——海量存储设备有限公司，做硬盘的，属于

IBM 的一个下属单位。基本工资好像 456 元，加加班，一个月下来也能拿到六七百，公司给交社保，每年还有探亲假。这在当时已经算是福利待遇比较好的，公司在深圳关内科技园，那时候的深圳，在南头与宝安之间设立一个关卡，武警把守，想要进入关内，必须办理通行证，没有通行证，你是万万进不了关的。宿舍安排在松坪山，上下班都有统一的班车接送。宿舍都是统一式的公寓大院，每间公寓住六个人，上下铺，有独立的卫生间、阳台、洗漱台、卫生间有热水器可以洗热水澡，每个人都配有一个衣柜、餐柜，还有一个写字台。我们分三班倒，一个宿舍的不一定在同一个生产线，所以有的睡觉，有的上班，有的下班，感觉人也不是太多，硬件条件在当时还算挺好，宿舍区还配有好几间电视房，下班之余可以去电视房看看电视，我记得 2004 年的时候，中国足球第一次颤颤歪歪地进入世界杯，进入了 16 强，我就是在电视房集体看的比赛，大家都揪着心，进球的时候掌声热烈。上班的时候，公司发餐票，两荤一素，就在公司食堂吃，我们产线员工跟办公室的管理层吃的都是一样的，吃的还是挺好的，下班我们就在宿舍开个小灶，自己简单的做点饭吃。那时候电脑都是稀罕物，不是人人都有，我记得宿舍旁边有人开了电脑培训班，下班之余，我去学习打字、练字、基本的办公软件应用。在这里我待了三年多。

员工宿舍

宿舍

小窝——城中村

后来我应聘到北京慧聪网络技术有限公司深圳分公司做行政助理。培训的时候，听高层讲课，第一次听到了马云的名字，那时候马云主营的阿里巴巴初见成效，在业内已有名气，同行业的管理者都会讲到马云以及马云的阿里巴巴，信心满满的激励自己，激励着自己的员工。

　　行政助理拿着 2300 ～ 2500 元的工资，公司给交社保，不包吃住。那时候我老公也进入关内上班，他还是我的男朋友，我们找了科技园旁边的城中村大冲的农民房租，这里的房子都是自建，没有统一规划，寸金寸土，楼与楼之间最窄的地方只可以通过一个人，两栋楼之间的人可以隔着窗户对话，单房配有厨房卫生间，总共大概也就 20 多平方米，房租 400 元，大冲在深圳属于比较有名的一个城中村，科技园聚集了大量的科技公司，华为当时也在科技园，好多科技园上班的年轻一族都住在大冲，这里四通八达，交通方便，美食也多，那几年的房租还算比较平稳，每年五十五十的涨，我们在大冲大概也住了两三年，在租住在大冲最后一年 2006 年，我们的单房涨到了 600 块，大冲在 2010 年拆除统一规划，成就了无数的千万富翁，甚至亿万富翁，如今的大冲，焕然一新变成了科技 CBD，住宅也属于豪宅级的，房价都不低于 10 万平方米。

城中村

城中村

曾以为疯狂的中心区——小区房

　　2006 年下半年，房东提出来又要涨房价，我们就想试着去其他地方找找看，我们找到了深圳莲花山附近的莲花北小区，属于公务员宿舍的单身公寓，大概有 35 平方米，每月 1200 元，有简单的装修，家具家电配套，拎包入住，房子原来是房东自己住的，虽然小但看得出来是经过精心布置的，散发出小资情调，我们非常满意这里的环境，就爽快地租下了，在这里住了两年，我每天下班经过房产中介的门口，都会看到挂牌出来的房源信息。这个时候，我跟我男朋友已经结婚了，我们开始留意想有自己的房子了，从 2007 年到 2009 年，我看着这里的 2 房、3 房的房子，由 60 多万元一直挂到 90 多万元、100 万元，心里充满了气愤，手里的存款永远没有房价涨得快啊！2006 年的时候，我打酱油似的，在一个小的中介机构做过半年，当时在香蜜湖豪宅区，那里是深圳最早的豪宅区，当时的均价在 18000/ 平方米左右，来看房的大部分都是深圳有钱人，他们都叫着房价太贵了，太贵了，是不是还会跌啊！现在想想那时候太天真了，还以为房价真的会跌。不过，在 2007 年 2008 年金融危机的时候，房价是冷了一年半，大家观望的多，成交的少，那时候的房产中介铺面关了好多，2008 年年底成交开始复苏。

小区外景

小区内

温馨的回忆——关外小产权房

2009 年房价开始报复性上涨，2009 年我们一直在看，但是钱不多一直没有下手，也在 2009 年初的时候，房东通知我们政府要会收她的公寓（属于廉租房），我们只能另外找房子，这个时候我发现我怀孕了，我们考虑到要生一个小孩，家庭成员要添加，再租就只能租一个大一点的，但是也负担不起太贵的租金，在莲花北村两房、三房的房子都要租到 2500 ～ 3200 元，我们选择了梅林关口附近的一个小产权房小区，二房一厅大概有五六十平方米，房租 1500 元，有简单的家私电器配套，在这里我们的第一个儿子出生了，儿子的出生使我们喜悦之余有了更多的责任感，考虑到儿子今后的读书，而且房价一直在涨，我们觉得是该下手买房了，但是新房哪里都贵，都是在 1 万元到 2 万元的价格，好难承受啊！

小产权房　　　　　　　　　　　　　小产权房

温暖的家——旧小区房

老公看好了宝安中学附近的一个学位房，这是一个非常大的老社区，房子很旧（80 年代规划建设的），但是它周边配套很好，小区里就有两个幼儿园，一个是私立幼儿园，一个属于宝安区最好的公立幼儿园，还有一个公立小学口碑也不错，并拥有深圳第五名校宝安中学学位，目前是宝安区最优质的学区房（一个幼儿园学位、五个公立小学学位、三个公立中学学位）。小区左右两边各有一个公园，附近的生活、商业配套也非常齐全，房价也是我们可以承受的。

在 2010 年底，我们成为有房一族，灵芝新村三房 90 平方米多层，81 万元。我们装修的时候，邻居们都说太贵了，太贵了，这里的房子，上半年同户型的只卖到四五十万元，我们心里也清楚，但既买之则安之！

小区外景

小区内

公园

如今，我们在这里已住了八年有余，房子自己装修了一番，住的还算舒服，也算宽敞。2018 年底我们又添了一个小儿子，大儿子在这里上了幼儿园、小学，学校都算是比较不错的，入学也都很顺利。小区内就有一个菜市场，方圆 500 米内有一个书城、两个大型超市、三个 shopping mall、三条地铁线、一个区级中心医院、三个电影院、一个大型菜市场、图书馆、文化馆、音乐厅、科技馆、妇儿中心等，吃喝玩乐休闲娱乐学习不需要去太远的地方，出门就能解决，早晚带孩子去公园散散步，日子过得平淡，知足常乐。

周边的新房均价都在十万元左右，我们小区的房价目前约 6 万元左右，上涨了约 7 倍以上，我们非常庆幸当时抓住了机会，抓住了房子的尾巴，如果是晚两年，再到现在，买房对我们来说是想都不敢想的事。有了孩子，我把重心放在家庭，老公上班承担着一家人生活也比较有压力，住在这里还算满足，不敢奢望能换新房住，但这里已经规划为前海自贸区的生活配套区，所以未来十年内，我们的社区有可能会旧改，我还有机会住到新房，不管怎么说生活是美好的，热爱生命，热爱家庭，热爱祖国，积极向上！

七十年来我家居住条件及环境的变迁

受访者：张明旦

我理解的人居环境是随着人们在各个阶段的需求而不断变化的。我的家庭到目前为止可以分为三个阶段——生存型居住、改善型居住和享受型居住。第一阶段是根据工作需要以维持基本生存需要。那个时候条件有限，对环境没有什么其他要求，满足基本生存需要即可。第二阶段在改革开放以后，人们逐步可以开始选择居住房屋面积及各种条件周围环境。第三阶段就是现在了，对于居住条件更加讲究，房间布局合理、舒适、讲究。外面环境要生态平衡，小区要绿化干净整洁，购物方便交通发达，还须讲究社区文化等。

新中国成立初期的生存型居住

新中国刚成立的时候，我随南下的父母到了四川宣汉县。当时党的政策纪律是不能占用民房，于是队伍和家属把当地旧破庙宇稍加修整，加上门窗，就全部住进去了。当时没有厨房，好在有食堂，一家人吃饭倒也方便。当时只要有一个避风遮雨的地方就已经很好，就这样一直住到 1954 年父母工作调往达县地区。

随着父母调到达县地区工作，政府修建了机关的家属宿舍，仍然是庙宇或者祠堂改建的。我们一家人分到了一间房子，大概有 20 平方米，家具是公家分配的，三张床和一张桌子几个板凳，没有厨房，机关有食堂，修的公共厕所距离住处较远，晚上早上上厕所都十分不方便，所以家里面会放一个便盆晚上用。

尽管这样，我们依然十分满足，因为那时候官兵平等，整个家属院无论官大官小分一样的房子（面积稍有区别）。当时家家的大门几乎没有安装锁，窗子也大开着，我们小孩儿们经常东家窜西家，西家闯东家，很是快活！在这样的房子里，我度过儿童、少年时代，一直到高中毕业考上大学（1965年），父母弟妹们一直住到父亲调动工作（1974年）。

1970年大学毕业分配到大山里的三线建设厂，刚工作的时候住在单身宿舍，一个宿舍上下床共12个床位，还空下一些床用来放箱子，最后住了八九个人。同厂的职工结婚可分一间房，生了孩子的可分两间房。当时三线厂的口号是先生产，后生活！房子修得简陋，大部分是干打垒，但已有厨房。依旧是公共厕所。夫妻两地分居的女职工生了孩子的可以住到"妈妈宿舍"。"妈妈宿舍"有大约七八平方米，放了床和桌子，身子都转不过来，厕所依然是公共厕所，厨房就是用泥垡个炉子放在房间外面，或买个煤油炉。

身后的大山和妈妈宿舍

改革开放后的改善型居住

随着工作调动，我们到了航天部的三线厂，这里的住房条件有所改善，房子里有两间卧室，最好的是家里面有了厨房和厕所，虽然很小，但感觉方便多了。

三线建设的厂里，就像一个小社会，学校、食堂、澡堂、邮局、粮店、派出所等，基本日常生活所需要的，在厂里都可以找到。

1979 年以后，政府慢慢就开始注重老百姓个性化的生活了。二十世纪八九十年代，三线建设厂开始搬迁，我厂搬迁到成都龙泉。整个公司（机关和6 个工厂）建设了航天城。当时我们集资（国家、厂里和私人共同集资）修建了住房。我分到一套四室一厅的房子，大概 98 平方米，有厨房、厕所、阳台，还有我向往已久的客厅。我们经过精心的装修，很是满意高兴，在那里住了十几年。当时的小区建设已经重视生产和生活的同步，统一规划兼顾环境，有自己独立完善的一套服务体系。航天城里修建了花园、运动场、游泳馆、公共活动场所等，还建设了航天小学、中学、技术学院以及医院等，不但小区环境变得优美了，服务设施配套齐全了，生活各方面都变得便捷了。

龙泉航天城花园小区

现代规划下的享受型居住

当发展到去选择享受生活的时候，我们开始了房屋的自主挑选和自由买卖。考虑到龙泉和子女相隔的太远，同时在龙泉一楼的房子潮湿。我们选择把龙泉的房子卖了，添些钱在成都市区买了天府新区的这套房子。吸引我们选择这里的原因是和子女离得很近，生活方便、设施齐全，又有电梯，同时小区的开发商有了先把环境做好才开始建房子的理念，使得小区的绿化做得特别好，环境非常优美。特别是设立天府新区后，周边的发展速度更是日新月异，地铁站点及公共交通线路四通八达、高中低商业网点很方便，以及陆续新建的小区，让这里热闹非凡。我们现在两个老人住，考虑的最重要的一点就是住得舒服，这里的方方面面都满足了我们的需求。现在购房首先看环境，这些因素在六七十年代是根本不可能考虑的。时代变了、条件变了、环境变了，人们的思想观念自然也就变了。

天府新区小区

对未来生活的期望

我们很满意目前的居住环境，但作为老年人，还感觉有诸多不便。比如现在都在提的居家养老，我身边更多的老人希望是这种方式，因为家里的一切都是最熟悉的。我们希望小区里最好可以有社区食堂，解决老年人一日三餐吃饭问题，也希望有医疗水平较高的社区医院，卫生管理系统分层次、分功能，来满足老年人日常的治疗需求。

另外，在住宅建设上，希望可以是高质量、定制化的全装修交房，避免住户重复装修造成对房屋结构的破坏，同时也希望可以开发生产出轻便、结实、美观的装修材料，可以不用那么大动干戈就达到理想的效果。当然，还存在小区管理和人们的思想观念不统一的问题，解决比如摩托车开上楼、养狗不拴等等现象，不过这些已经在慢慢得到重视。未来的人居环境在建设的基础上，应更注意功能区统一规划，注重适老性设计和人性化设计，同时注重设计和管理同步进行，才会真正提升人们居住体验的品质。

一直以来，人居环境都是跟随着时代需求，有着鲜明而强烈的时代特色。我们经历了逐步变好的过程，也仍在不断提出更多的要求，我们一直期待着未来越来越好的居住环境。

忆上海住房经历及住房发展与存在问题的思考

受访者：郑时龄

个人住房经历

我是四岁到上海的，刚来的时候我们一家租房子住，是从二手房东那租来的，当时这种房东租给二房东，二房东再租给别人的现象非常普遍。我们租的房子在里弄里面，居住状况比较拥挤，而且户内没有厨房卫生间，需要在公共区域共用，平时在家一般都用马桶。因为空间不够，所以有的住户自己搭出一个空间来用，现在看来就是私搭乱建了。当时住在里弄里的人很多，大概占整个上海人口的 70% 左右，后来住户都搬出来了，剩下 30% 左右还住在里面。不过现在有一些是新式里弄，条件比老的里弄要好，是有卫生间的，但住房条件还是不如楼房舒服。

大学跟研究生我是在同济读的，我读书的时候学校给老师分配住房，同济分配的房子当时在上海比别的学校好，但是后来别的学校教师住宿条件改善，建的房子面积更大，我们学校的住房反而就较差了。我们的同济新村，有一批房子是 50 年代建的筒子楼，那些房子本来是用个 20 年就要拆了，但是到现在还一直在用，房子的质量还是比较稳定的，不过人员流动很大，现在新村里居住的同济老师其实不多了，大部分都已搬出去。那时建的六层楼的住房没有电梯，像我这个年纪（78 岁）如果没电梯，爬楼梯就爬不动了，所以现在上海有好多老的新村房子需要加装电梯。这个跟新加坡有点像，新加坡较早注意到要让大家都有房子住，但现在的问题也是因为原来标准也不高，每一户都需要加装电梯。

我是80年代开始有自己的房子，之前在贵州遵义山区工作，那时是"文革"期间，"文革"时期很多单位包括我们团队都是内迁过去的，单位有一个大院，办公楼、宿舍楼都在一起。因为我是在设计院工作，所以我们的住房都是自己设计的，当时设计的时候就把房子设计成单元楼，每家每户都有自己的厨房和卫生设备，但是条件还是比较差，都是低造价的房子。

再往后，我从1981年在同济留校开始教书，到1984年的时候学校分给我一套房子，位置在当时的闸北区，现在已经是静安区了。房子在新客站附近，朝向是北向，面积较小，只有二十几平方米，不过条件在当时已经算是不错了，毕竟是成套的，有独立的厨房和卫生设备，那个年代很多人还住不到这样的房子。这是我自己的第一套房子，然后到90年代初，我搬到了徐汇区，那边算是比较热闹的地方，换了一套大一点的房子，有八十几平方米，房型为两居室，但朝向还是不好，卧室朝北房间比较冷。后面到了90年代后期，因为儿子要结婚了，原来的房子面积不够住，就换了一个大一点的，有三间卧室，面积为一百四十几平方米，等到孙女长大一点，房子面积又不够了。90年代已经是商品房时期了，我就把原来房子卖掉再贴一些钱，换成大的房子，不断地换到今天的状况。其实在我住的这些房子里，每个时期的住房都有自己的特点，都是值得记忆的。印象比较深的是读书学习的地方，开始的第一套房子完全没有地方放书柜，只好放一张写字台，把书放到阳台上去，后来慢慢有了一个角落可以放书架，再逐渐变成有一间书房，后来书房变得再大一点，就这样不断地变化、不断地一点点改善。

我住的房子从80年代开始就已经是今天的单元房了，老的房型是比较差的，后来在换房子的过程中房型也在逐渐调整，所以说房型的变化也是蛮大的。我们国家在改革开放以后，一开始设计商品房是按照香港的模式，就是大厅小卧，卧室很小。后来大家发现，我们不太可能像香港人那样，还是要适应上海的情况。因为上海人一般家里总是要有大柜子、五斗橱等各种家具，如果是大厅小卧就没有地方放东西，所以后来房型也在不断地调整，不断越做越好。

我觉得我们目前的住房条件已经很好了，上海现在也还有住房条件很差的地方，特别是里弄住宅，原来一栋房子是一户人家，现在住了好几户人家，多的时候能有五、六户。之前我们去看一个风貌街坊，就在距离南京路、人民广场不远的地方，外面看挺整齐，一到里面就能看到住房条件真是很差，而且很多私搭乱建。因为过去"文革"时期知识青年下乡，回城后家里小孩已经长大、结婚，房子不够住就开始搭建，这种现象很严重。很多里弄住宅没有卫生设备，就拎马桶，上海现在还有十几万只马桶，像我们有自己的卫生设备和厨房，应该算很好了。像这种里弄住宅，有一些地方，平均每户使用面积大概只有十几平方米，最困难的只有四、五平方米，所以上海的住房条件差别还是很大的。

住房发展及存在问题

当然，个人的住房经历是受国家政策变化的影响，最大的变化就是住房商品化政策，在80年代末90年代初时国家允许把自己住的房子买下来，原来分配的房子就变成商品房了。过去都是单位分房子，只有使用权没有产权，从那时起自己就有了产权，而且产权可以进行交易，这样就可以卖掉房子再去买房，这是一个很大的变化。但是也有不同的住房制度平行实施，像我们刚刚讲的里弄住宅，是不许卖的，因为它不是成套的，它是几户人合住，用公共的卫生间和厨房，产权不能被买下来，所以现在还有一批里弄住宅的问题没有解决。而且还有一个问题，这些里弄要进行风貌保护，比方说它以前是三千平方米，但实际上知青回来以后，政府为了解决住房紧张问题，允许搭建。当然这种房子没有产权，只有使用权，但要付房租，房租也包括了搭建的面积，因此风貌保护要恢复到最初状况是不可能的，还要照顾这个时期的情况。所以我认为里弄的保护还需要理论和实践结合，不能是乌托邦的想法，不能说这个统统要保护下来，而是要考虑怎么保护。不过现在也有些里弄改造就是把每一户改造为成套的住宅，成套改造后就可以被买下来，到市场上出售了。

还有刚刚解放以后开始建设的工人新村，那时是学习苏联的形式。但开始大家住房条件比较差，所以那时有一个说法是"合理设计，不合理使用"，像番瓜弄（上海的一个工人新村），设计了一套住宅，但是共用厨房，共用卫生间，之后条件好了就变成一户人家使用。但实际上这个过程很长，甚至可能变成更多户人家合住，这是历史的一种变化。

我国现在住房面临的发展问题，我觉得一个是老的住房问题没有解决，另一个是新的商品房各个地方的差异太大了。比如现在上海昂贵的房价就带来很多问题，因为要买房的话可能这辈子都会变成房奴，所以很多人待不下去，这是目前比较大的问题。这不是只靠专业就能解决的，很大程度上依赖于政策的制定和实施。当然现在政府提出了保障房，如果满足标准就可以去购买，但其实喜欢保障房的人也不多，因为远离市区，很多保障房实际上都闲置在那。现在政府又提出公租房，公租房建在市区里面或其他可建的地方，但是公租房也有一个问题，它可能没有考虑今后的需要，比方说它现在做的比较小，将来怎么办？租户家庭的长远发展得不到满足，比如说有孩子之后，原来的空间就不够了。还有公租房将来跟市场怎么接轨？所以房子在政策上还有很多问题我们国家没有考虑到，住房商品化之后，一些低收入的人也要通过市场去买房，其实是有问题的，收入差异带来了居住阶层的分化。比如说市区里都是豪宅了，普通人就无法住在市区。所以住房很多时候牵涉政策层面，国家不通过政策解决住房的基本需求就会带来更多的问题。所以如果现在进行补救，应该要有一个长远的计划研究到底如何解决，不能只解决眼前暴露的问题。

站在建筑学的角度，我们是从设计上来解决问题的，设计社会需要的房型，就像欧洲曾经做过的，就是研究最基本的房型的做法，解决基本生活需要。如果做研究的话，可以更深入一步，思考我们的住房政策如何发展，因为从设计上来找答案只是一种方式，设计也要和市场发展、政策需要结合起来。

在欧洲比如说法国有一种社会住房，就是提供给低收入人群，但也带来了一些问题。穷人、移民都集中住在一个地方，就带来阶级分化，可能引发暴乱、犯罪等问题。当然应对这些问题他们也有一些政策，比如在城里建房，30%或者某个比例的房子是供出租的，不能全部是商品房，希望做到混合居住，过去也出现过，有钱人住底层，最有钱的住二楼，穷人住在顶楼，是混合居住的。在他们那混合居住是过去历史上就形成的，顶楼价格比较便宜，穷人都住在顶楼，当然每一户人家都有比较大的房子，他们的基本需求可以得到满足。现在国外有这样一个现象，比如前些年我到巴黎，他们有很多空着的房子，国家允许没有房子的人去空房子里住，但这也出现混乱，因为房子存在产权问题，所以住房问题是世界各国共有的问题，当然条件好一点的国家，因为工资高，房价和工资相比居民是能接受的，国内一辈子的工资都不一定够买一套房子，这就是一个问题。

国内还存在的一个问题是我们严格控制人口，住房建设少了，同时土地的出让金增加，导致房价的抬升。现在一线城市，房价特别高，当然也有像国内比较偏远的城市人口流出，几万块就能够买一套几十平方米的住房，发展不均衡。但是房价不均衡的问题是很难解决的，因为各城市生活水平不一样，过去住房由单位解决，一个工厂有房子，再分配给职工，后来住房商品化之后，单位也就没办法解决了。我们老师没有房子，学校不会帮你解决，你得自己去想办法，所以人才有时候就留不住。

"大道地"的兴衰

周衍平

在我的家乡——浙江省宁海县岔路镇花堂村，有一座规模宏大的古老宅院，村民们称它为"大道地"。在宁海方言中，道地就是院子的意思。这座建造于清中期的古民居共由五个院子相连组成，布局合理，工艺精湛，过去是宁海西南地区有名的豪门大宅。如果说建筑是体现人类文明进程的重要载体，那么，在简短的人生经历中，我所见证的"大道地"的兴衰，正好也是一部当地人居的发展史。

2005 年 9 月拍摄的"大道地"部分建筑遗存

在我小的时候，最开心的事就是去这"大道地"的古宅院里，和小伙伴们一起玩捉迷藏游戏。古宅院面积很大，里面有很多通道和楼梯，具体有多少房间，谁也数不清楚，其迷宫似的建筑结构倒是我们玩捉迷藏的绝好场所。

那是20世纪70年代，"大道地"里住着几十户人家，他们分属好几个生产队，居民除了少数几户土改后分到房子的"贫苦农民"，大多是世代居住在这里的同姓族人。虽然成分不同，但他们无论是同族兄弟还是外来贫农，都以"同道地"人相称，和睦共处，真诚相待，就像一个大家庭。遇上谁家要办红白喜事，整个道地里的人都会来帮忙，行堂的、帮厨的，分工有序，场面热闹。

那时，村里各家各户生活水平都差不多，无论住在深宅大院，还是低矮的平房里，大家都干着集体的活，吃着集体的粮，住着老祖宗留下来的房子。我家那时虽住在低矮的平房里，但看着"大道地"深宅大院里小伙伴，同样也啃着乌粉麦饼，喝着番薯干粥，心里怎么也感觉不出他们的生活能比我们优越多少。

建于70年代的花堂村"大寨屋"

70年代，村子里没有多少人家里会有积蓄可以用来建造房子。所以，那时个人建新房是一件十分稀罕的事，倒是大队、生产队集体有不少建起了"大寨屋"，这种大同小异的人字梁砖木结构的房子与"大道地"那些古宅相比，显得简陋无比，但也不失宽敞明亮。大队、小队集体建房花钱不多，树木集体去山上砍，人工不用付工资只记工分，就连砖瓦也是自己生产。那时的"大寨屋"既是生产队的库房，也是大会堂。农忙时，里面堆放着小山似的粮食；农闲时，除了开大会，大寨屋里偶尔也会演一两场宣传戏或样板戏。最热闹的事莫过于生产队的晒场上放电影了，只要哪里的大寨屋墙上挂起了大银幕，四邻八乡的人都会像赶集一样赶过去看电影。

20 世纪 80 年代建造的联排民居

　　80 年代初，改革开放的春风吹满中国大地，也吹进了我们这个小山村。村里的能工巧匠们纷纷到西北地区开办家具作坊。那时的"兰州工人"就是有钱人的代名词。留在村里的也解放思想，开始包产到户，发展家庭农业。一部分人终于先富起来了，他们开始蠢蠢欲动，谋划着建新房。80 年代农村交通并不发达，除了乡镇之间有简易公路相通，机耕路是通村最好的道路了，所以，村民建房都喜欢选择在公路或机耕路两侧。这时，农村建房也不再是单一的砖木结构，钢筋、水泥开始被应用，预制五孔板代替了过去的木楼板，汰石子粉刷的墙面，是那时最时髦的装饰。一些人家还采用了水泥现浇的平顶，但限于当时的技术和经济条件，这种水泥平顶房没用上几年，就普遍出现渗漏现象，成了村民的心头大患。

这栋建于 20 世纪 80 年代的民居，是当时花堂村最好的建筑

　　我读初中那时，也曾在儿时常玩的"大道地"里住过一段时间。因为亲戚一家也随村里的"兰州工人"一起去了西北，让我为他们看家。书读到初中，对事物的认识，已经有了感性的理解，每天进出"大道地"那气派的门楼，总会产生一种敬畏之心。古宅里随处可见精美的砖、木、石雕，以及用矿物颜料绘制的精美图画，寓意深刻，精美绝伦。

20 世纪 90 年代，村民喜欢沿公路建"街面屋"

　　90 年代，村里的工匠已不再只限于在西北地区发展，他们把目光投放到全国各地，私人企业像雨后春笋，遍布城乡。村民们的收入越来越高，房子也越造越好，独门独户的小洋楼外贴马赛克或瓷砖，配上铝合金的门窗，显得豪华气派。村民们建好房子开始注重装修，用上了抽水马桶和淋浴设施。

　　中学毕业后，我也随南下大军到了改革开放的前沿阵地深圳。每次回乡探亲，我都会去"大道地"看看那些气派的古建筑。但每当我走进这座宅院，会觉得这里越来越寂静，没有了以往那样浓厚的生活气息，听到的总是谁家建了新房搬出去了这样的消息。最后坚守在古宅里的，都是些不愿意搬走的老人。

　　进入 21 世纪，随着"村村通"工程的全面实施，无论大大小小的村庄都通上了公路，使农村交通状况得到了改善，小汽车也开始在农村家庭中普及。昔日的旧村因为道路狭窄，设施落后，制约了村民对美好生活的向往，他们纷纷放弃了旧宅，选择在交通便利的地段建新房，村庄迅速向外扩张，村中央大片旧宅空置，形成了"空心村"现象。随着最后一户居民的搬离，"大道地"也成了空心村中的一部分。由于老宅无人居住，任由荒废，"大道地"的木结构的房屋开始漏雨、腐烂，没几年时间，就倒塌成了一片废墟。

新时代的农家小院

岔路镇的高山移民小区

空心村一瞥

　　21世纪迅速发展的房地产热吸引了大批农民进城买房，使农村人口迅速减少，许多农民过起了进城做居民，下乡做农民的"两栖生活"。一些偏远的山区村庄成为"空壳村"，甚至到了无人居住的地步。为了方便管理，政府鼓励移民下山，由政府出资，在集镇建起了移民新村。山区里的学校、医院也由于人口减少，被撤并、关闭。看病和就学成了山区群众的生活难题，他们为了老人看病、孩子上学，不得不在集镇附近的村庄买房、租房，一些无人居住的老房子又成了他们临时的栖身之处。

改造成民宿的古宅院

　　近年来，随着乡村文化的提升，旅游业的发展，那些幸存下来的老宅院终于迎来了命运的转折。从政府到民间，一些有识之士开始注意到了老建筑的历史价值和文化内涵，纷纷将之开发和利用付诸行动。旅游业发达的地区，将古民居改造成特色民宿，吸引游客；有些还被政府租用或收购，改造成民宿、文化展示馆或名人工作室；一些到城市创业的村民也纷纷将自家老宅进行维修，打造成度假、休闲的私人会所。农村建房和装修开始回归传统，中式、仿古元素为大家所喜爱。

小城镇整治后的花堂村新貌

党的十九大的召开，为乡村振兴注入了新的活力，习近平总书记提出了乡村振兴战略，大力改善农村基础设施，开展农村人居环境整治行动。2018 年 9 月底，岔路镇开展了小城镇环境综合整治。"大道地"所在的花堂村被列为整治的重点村。当工作人员来到"大道地"时，这里早已没有了昔日的辉煌，废墟里长满了树木和杂草。好在这次整治行动中，镇、村领导十分重视对文化遗存的保护，他们对"大道地"遗址实地考察后，决定尽最大限度地保留原有风貌，将其打造成古民居遗址公园，使之成为当地的文化亮点。

最近，政府部门又邀请了中国建筑设计研究院的专家对"大道地"古民居遗址进行测绘，通过科技手段，还原其旧时的风貌，并制作成电子沙盘进行展示，也为今后的修复重建提供宝贵的原始数据。

"大道地"又将迎来新的崛起。

我的人居印象

朱　宁

1. 小镇 1987 ～ 1993 年

1987 年，我出生在安徽北部的一个小镇（灵璧县浍沟镇）。我的父母都是当地粮站的职工，这个粮站大院构成了我最早的生活环境记忆。

我在粮站大院（摄于 1990 年夏）

大院既是我父母的工作单位，也是我们一家人的住所，更是我童年的乐园。粮站大门是朝南的，进门正对着的是一条笔直的水泥路。西侧种着一排悬铃木，这种树一到夏天会长一种叫"毛扒惹"的虫，其实就是刺蛾的幼虫，上面长有毒毛，常在树下待的人得小心虫掉到身上。到了夜里在树上还能找到"知了猴"，油炸后是一种高蛋白的美味食物，不油炸的话则是小朋友观察昆虫变态发育过程的绝好标本。

水泥路旁边和尽头零星散布着一些杂草，还有用红砖砌成的花坛，里面种着圆柏。另外有一、两口水井——粮站是没有自来水的，人们吃水需要用桶拴着绳投入井中，然后抓住绳子另一头左右晃动，待桶里装满水后提上来。

母亲和大院里的花坛（摄于 1990 年夏）

从粮站大门进去以后，左侧先是一个池塘，然后依次分布着几个下沉式的小院，第一个小院是粮站办公区，第二个小院是职工宿舍，也就是我家。我们住的是砖砌的瓦房，一大一小两间，小的是厨房，大的是一家人生活、起居的地方。因为整个只有一间，需要用布帘分隔开"客厅"和"卧室"，面积约 60平方米。家里做饭用的是煤炉，要及时换煤球来保持炉火，如果不小心灭了，就得用木柴在院子里"印炉子"。一个重要的事儿是上厕所，每天睡前，父母都会在屋里放一个搪瓷马桶，早上起来再拿出去倒掉，非常不方便，今天的人可能已经无法想象了。

从我家房子的后窗可以看到一片郁郁葱葱的草地，其实就是第三个小院，那里面没有建房子，因此成了我和邻居小伙伴经常玩耍的地方，我们在里面摘一种野草莓，但从来没敢吃过，我父亲还带着我在里面打过气枪，也是难忘的回忆——试问哪个小孩不想拥有一片私密的青草地呢？

母亲在家中客厅（摄于 1990 年夏）　　　　粮站宿舍院内（摄于 1987 年冬）

　　还有一项的娱乐活动是骑车，我有辆带防倒装置的童车，每当骑着它经过一处墙和电线杆的夹缝时，总会被卡住而使后轮悬空，这时就可以保持原地蹬车的状态，就像今天健身房里的自行车一样。

骑车儿童（摄于 1990 年夏）

　　大院还有一些对孩子来说比较"危险"的场所，水泥路东侧空地上有一个直径四五米的土坑，里面存放着施工用的膏状的熟石灰，上面搭着一块木板桥，我 3 岁时曾经不慎跌落进去，那是一种掉进沼泽地的感觉，按照从看电视得来的经验，为了防止越陷越深，我努力保持不动，希望路过的人能把我救出去，最后果然如愿以偿。

　　关于这个粮站，我不太能回忆起所有的季节，但对一个雨后的秋日傍晚特别有印象，那天，院里满地都是金黄色的悬铃木树叶，空气湿润舒适，阳光浓郁柔和，让人心里充满了希望。

随着父母工作调动，我也到了该上小学的年纪，当然，也许后者才是前者的原因。不管怎样，1993年，父母带我进城了。

2. 进城 1993 ～ 2005 年

这里进的其实是县城（灵璧县），之前跟父母去过几次，他们会带我在一家名叫"凤山饭店"的早餐店吃小笼包，这种镇上没有的食物成了我向往县城最早的原因。

县城格局很方正，有一条护城河环绕，城墙已经没了，但四面都有桥。我家一开始在县城东南护城河外某处租房住，房子的大小和条件跟镇上差不多，只是从瓦房变成了平房，客厅和卧室之间也有墙了，但我和父母还是在一间屋里睡，吃水从水井变成了压水井，通过手动制造负压的原理把地下水抽上来，更方便了。我们在这里只住了半年，然后就搬到了城北，租了亲戚家的一户独门独院的房子，这次我终于有了自己的房间。

城北出租房客厅（摄于 1994 年夏）　　　　城北出租房 父母卧室（摄于 1994 年）

和今天常见的房型不同，那时我们住的房子有点延续了当地农村传统的院落，从大门进去右边是一个厨房——方言叫"锅屋"，当然已经没有烧柴火的大锅和烟囱了。院子中间是空地，两边是菜园，再往里走就是三间平房，加起来有一百多平方米，中间的叫"堂屋"，两边的也许该叫"侧屋"，但需要先进堂屋才能进去，我住在西侧，父母住在东侧，堂屋后面还有个储藏室。院子大门和堂屋的门相距大约十几米，院子里还有一个厕所，不是走公共下水道的那种，而是把排泄物收集起来，用来当作菜园的肥料，现在想想可能会有卫生问题，但起码上完厕所不用端马桶出门了。

在这处房子里，我们第一次用上了自来水和燃气灶，还装上了固定电话，生活水平显著提升。但这依然是租的房子，到了 1995 年，父母在县城东南角买了套房子，我们又搬家了。

新买的房子和之前有相似的院落结构，但更大，进了大门左边是自行车棚和小花园，里面可以种菜，还有一棵三四米高的无花果树，一到夏天就有鲜无花果吃。右手边依次是楼道、卫生间、厨房、餐厅、客房、卧室，然后正门进去是堂屋，进去以后右边是父母的卧室，左边是我和弟弟的卧室。

城东南新房院内（摄于 1999 年 5 月 20 日）

从这套房子起，"装修"这个词开始走进我们的生活，花岗岩地砖取代了水泥地，墙纸、墙毡和喷塑材料取代了之前的绿白墙，天花板上还安装了当时流行的水晶吊灯。不仅居住体验大大提升，还一度产生"进门要换拖鞋"的规定，但由于各种原因，这个规定最后只在我父母的卧室执行，因为里面有地毯——他们还为此专门买了吸尘器。另外，我们还第一次有了抽水马桶以及太阳能热水器，夏天的时候可以在家洗澡了。

城东南新房客厅（摄于1999年夏）

这套房子还有个特点，就是有楼道可以上顶楼，一排八户房子可以通过顶楼平台相通，所以楼梯处往往会上锁，但和邻居孩子熟悉了以后，会经常从楼顶互相走动串门，是很有意思的体验。夏天的时候，父母还在楼顶用砖块和水泥板垒起了隔热层，相当于给楼板盖了层被子，使阳光无法直射屋顶，屋子里就凉快多了。

城东南新房院内（摄于2004年春）

我从8岁到17岁一直生活在这套房子里，它带给我很多美好的回忆，下雨的夜晚，我总爱打开卧室的后窗，躺在床上，闻着青草和泥土的气味，听着淅淅沥沥的雨声，看着喜欢的课外书入睡。不过在我的父母看来，门口的交通太不方便，路的宽度基本只能通过一辆轿车，而且离街道也远，于是，2004年夏天我们再次搬家了。

　　新家是我们住过的最大的房子，一共三层，每层约100平方米，一楼是门面，但我家当时没有开店的计划，因此除了隔出一间厨房之外，剩下的就是一个大大的客厅，近年来因为爷爷奶奶需要父母照顾，他们又没法爬楼所以又给他们隔出了卧室。这套房子离县城主干道还不到100米，门口的路也宽了许多，但遗憾的是没有院子，无花果树也没了。

城北三层楼房（摄于2019年）

　　平时我们在一楼吃饭看电视，在二楼睡觉。二楼相当于一个三居室，但客厅基本没什么用。三楼比较特殊，感觉房子的设计者没想好用途，东侧是三间小卧室，其余就是一个特别大的空间，我们甚至在中间摆了张乒乓球台，打乒乓球一度成为我们家的娱乐活动之一，旁边的空间甚至再放一张台球桌也是够的。

城北小楼二层客厅（摄于2019年）

城北小楼二层客厅窗台（摄于 2019 年）

城北小楼三层（摄于 2019 年）

城北小楼二层卧室（摄于 2019 年）

在这里住了一年以后，我离开家乡来到北京上大学，居住环境又进入了新时期。

3. 北京 2005～2019 年

迄今为止，我在北京一共生活了十四年，其中有七年住的是大学宿舍。本科在农大，大一时的宿舍是一个特别老旧的宿舍楼里，普通的水泥地，有四组上下铺的架子床——由于是六人间，所以空出两张床可以放杂物，房间中央是一张大桌子，但面积不够六个人同时学习的，同时吃泡面可能也有点挤，此外每人还有一个比微波炉稍大一些的储物柜，这就是全部家具了。盥洗室是公共的，只有洗手池和厕所，洗澡要去专门的浴室楼。住宿费也很便宜，一年 550 元。到了大二以后搬到另一个校区，终于住进了上面是床下面是桌子的标准大学宿舍，地上也有地砖，还有个正对着足球场的阳台，楼道里还有公共自习区，这样的宿舍一年涨到了 900 块。后来研究生阶段换了个学校，来到了广院，宿舍条件比农大好了很多：四人间宿舍，独立卫生间，楼内可以洗澡，还有开水房，这些都是免费的，当然住宿费也贵了，要 1500 元一个月。

另外的七年就是工作以后的租房生涯了，我前后租住过四处地方，其中租期最短的不到一个月，花了 290 块钱租了间地下室，大约五六平方米，里面只有床和桌子，关上灯以后就伸手不见五指。由于隔音不好，晚上睡觉必须带耳塞。

大学宿舍（摄于 2007 年）

旁边的租户也很多，还有拖家带口一起住的，我每天早出晚归和他们也没什么交流，只觉得生活真是不容易。住地下室有个好处是凉快，六七月连风扇都不需要，但待几个小时以后会潮湿的受不了，每天早上来到地面时，就特别能体会到干燥的空气的可贵。

其余的租房经历其实乏善可陈，基本都是和同事合租单位附近的楼房。目前，我租住的房子是大约100平方米的三居室，有时父母也会过来看我，不过住单元楼这件事还是让他们略感不适应，且由于地处郊区，附近的配套设施较少，父母不禁会发出"还不如老家好"的感叹。但我想，许多人背井离乡来到一线城市并非只为了更好的居住环境，而是为了寻求更多的发展机会。或许老家的房子更大更舒适，但身在北京，他们感到视野更开阔，心灵更自由，能做的事

研究生公寓外观（摄于2013年）

出租房客厅（摄于2010年）

情更多,工作和谋生环境大幅提升,这时人居环境的重要性反而居于次要地位了。当然我们最终还是希望住得舒心一些,不过出于众所周知的原因,在北京想要解决住房问题,需要相当程度的努力,有时没准还需要一点运气。

出租房一角(摄于 2010 年)

在我迄今 32 年的人生中,有 6 年生活在小镇,12 年生活在县城,14 年生活在北京,我能切身感受到居住环境的显著变化。一方面随着自己的求学工作,我所处的生活环境不断变换;另一方面,不管是家乡还是北京,本身的环境也在发展变化。总体上肯定是越来越繁荣,越来越方便,我想这也是我们国家经济社会不断发展、城市化进程不断推进的缩影。

不过,我感觉自己还是个念旧的人,记得刚上大学的时候,在我梦中出现的家始终是那所带无花果树小院的房子,而不是后来的三层楼。如今过年回家,在一些新建的街区我会有种陌生甚至迷路的感觉。现在家里的三层楼房处于老街区,也面临着拆迁,如果拆掉的话,那当我再回家的时候,就要住进"从来没有与之长期相处过"的房子了。这时我不禁想起一句歌词:"到不了的都叫作远方,回不去的名字叫家乡。"

必须说明的是,虽然有时我会自诩怀念过去的生活,但我知道那其实是一种选择性记忆罢了,潜意识里自动忽略了那些不方便不愉快的事情,只记住了美好的瞬间。比如今天谁愿意生活在没有自来水和抽水马桶的环境中呢?谁愿意生活在没有网络和快递的环境中呢?而我的美好童年的真实状态就是那样的,所以今天的生活整体上肯定比过去更好，只是幸福源于比较，而且除了纵向比较，还有横向比较，发达的互联网和媒体让我们目睹了过去看不到的居住环境和生活方式，导致我们的心理阈值不断提升。但我始终相信一点，那就是发展带来的问题只有继续发展才有可能得到解决。

　　无论是否情愿，生活总在催促我们迈步向前，就让我们大胆张开双臂，拥抱未来吧。

后　记

　　中国中央电视台播出中央广播电视总台、住房和城乡建设部联合摄制的四集系列专题片《安居中国》当天，2019 年 10 月 8 日，收悉中国可持续发展研究会人居环境专业委员会组稿、编写完成的《中国人居印象 70 年》整部书稿。和专题片《安居中国》一样，这部著作是献给新中国 70 周年华诞的厚礼，并将送往 2020 年联合国人居署在阿布扎比举办的第十届世界城市论坛 (WUF 10) 布展，也会成为组编团队长期从事人居环境事业的特别纪念。

　　《中国人居印象 70 年》书稿的全部内容，源自 30 位作者根据自身经历所讲述的人居环境故事，从不同的环境、不同的视角，记录了他们从出生到成年、从单身到儿孙满堂的变化场景，重现了他们生活工作之地社会经济和城镇乡村的快速发展，分享了他们对人居环境发展变化的社会观察。

　　这 30 位作者来自五湖四海、各行各业，不仅包括在同一个地方土生土长、工作生活的人，也包括出国留学和来华工作的人，以及随父母多次迁徙、寄居祖父母家的人。他们中间年龄最小的只有 25 岁，最大的已逾 100 岁。通过他们倾情、动情而又温情的讲述，每位读者都能体会到、感知到、触摸到中华人民共和国 70 年里城乡生活的变化，特别是改革开放 40 多年间经济高速发展以及全面迈向小康社会对于中国人居环境产生的广泛而又深远的影响。在此向书稿的作者们表示崇高的敬意和诚挚的感谢。

　　令人唏嘘的是，长期从事人居环境问题研究的班焯先生，在为本书奉献了书稿后不久，突然离世！于个人而言，他是年轻人从事建筑学和城乡规划专业工作的导师；于机构而言，他是国际标准化组织和住房问题的专家，本书特以他的遗作《北京的家》作为开篇，向这位长者表达深深的敬意。

早在2009年，中国可持续发展研究会人居环境专业委员会策划、采编出版了《中国住房60年》中文版，作为献给中华人民共和国成立60年的贺礼。后来，又以其为蓝本，增补、编译出版了英文版《Legend：Housing & Living（1949-2009）》，布展了2016年联合国人居署在基多举办的全球第三次人类住区大会"人居三"中国非政府组织展览。

作为拥有联合国经社理事会特别谘商地位、联合国人居署合作伙伴关系的全国性学术类社会团体，中国可持续发展研究会自成立以来，始终以人为中心，关注人居环境的发展和改善。从1996年承办"人居二"最佳范例展到2016年承办"人居三"专题展，从里约全球环境发展大会到里约＋10、里约＋20，从第一届到第五届，其人居环境专业委员会一直不遗余力地对标《21世纪议程》《2030年可持续发展议程》《新城市议程》，推进《中国21世纪人居议程》，聚焦全面小康社会人居环境发展任务，发挥非政府组织的推进和协调作用，组织民间智库，参与国家和地方人居环境问题诊断和发展咨询，编制标准规范，向联合国和国际组织报送可持续发展实践案例和优秀范式。

作为从第二届接任副秘书长、第三届到第五届担任秘书长的人居环境专业委员会成员，很高兴地看到人居环境事业在秘书处和委员中间的延续，也借此机会向秘书处成员和委员表示真心的感谢和敬意。同时，也由衷地感谢中国可持续发展研究会原副秘书长陈琨先生对人居环境专业委员会秘书处工作的长期支持和指导，正是老前辈们的这份支持，才使得我们的可持续发展事业蒸蒸日上。

通过周期性地、大范围地归集和整理有关事实和文献，发现和筛选"有趣、有料、有温度、有深度"的人和事，也是在向国际社会表明，中国有这样一个面向社会发展领域的学术团体，一直积极、努力地搭建可持续发展利益攸关方的交流协作平台，不断推进着全球可持续发展目标"可持续城市和社区"的达成与实践。在此祝愿每一位为此项事业工作奉献的同事，安居、安康。

何建清
中国可持续发展研究会
理事、副秘书长